Peggy und Patrick Leiverkus

Die 50 bekanntesten archäologischen Stätten in

England mit Ausflügen nach Wales

Peggy und Patrick Leiverkus

Die 50 bekanntesten archäologischen Stätten in England mit Ausflügen nach Wales

Nünnerich-Asmus
Verlag & Media

160 Seiten mit 97 Abbildungen
Titelabbildung: oben: Castlerigg Stone Circle, Blick nach Süden.
Mitte: Hadrianswall zwischen dem Steel Rigg Car Park und Housesteads Roman Fort.
unten: Rückansicht des Dover Castle, im Hintergrund der Ärmelkanal.

Bibliografische Information der Deutschen Nationalbibliothek
Die Deutsche Nationalbibliothek verzeichnet diese Publikation in der Deutschen Nationalbibliografie; detaillierte bibliografische Daten sind im Internet über http://dnb.d-nb.de abrufbar.

ISBN 978-3-961760-59-6
Lektorat: Sebastian Schneichel, Tamara Goretzka, Gabriela Paff
Gestaltung des Titelbildes: Hans Jürgen Wiehr, ADDVICE DESIGN & ADVERTISING
Gestaltung: Bild1Druck GmbH, Berlin

Printed in Germany by Nünnerich-Asmus Verlag & Media
Weitere Titel aus unserem Verlagsprogramm finden Sie unter:
www.na-verlag.de

INHALT

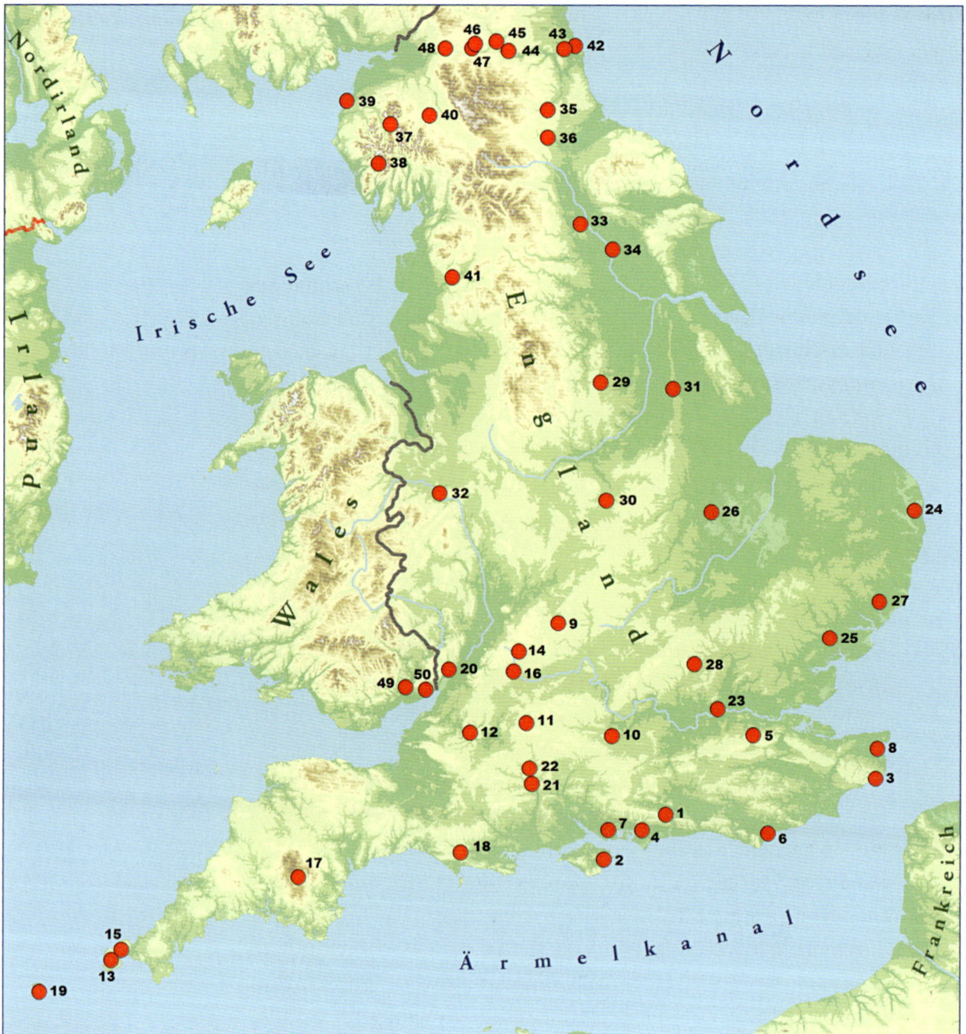

1 Bignor Roman Villa
2 Brading Roman Villa
3 Dover
4 Fishbourne Roman Palace
5 Lullingstone Roman Villa
6 Pevensey Castle
7 Portchester Castle
8 Richborough Roman Fort
9 Rollright Stones
10 Silchester
11 Avebury
12 Bath
13 Carn Euny
14 Chedworth Roman Villa
15 Chysauster
16 Cirencester
17 Dartmoor
18 Dorchester und Maiden Castle
19 Isles of Scilly
20 Lydney Park
21 Old Sarum
22 Stonehenge
23 London
24 Burgh Castle
25 Colchester
26 Flag Fen
27 Sutton Hoo
28 St Albans
29 Creswell Crags
30 Leicester
31 Lincoln
32 Wroxeter
33 Aldborough
34 York
35 Binchester
36 Piercebridge
37 Castlerigg Stone Circle
38 Hardknott
39 Maryport
40 Mayburgh Henge und King Arthur's Round Table
41 Ribchester
42 Arbeia
43 Segedunum Roman Fort
44 Corbridge
45 Chesters
46 Housesteads Roman Fort
47 Vindolanda und Roman Army Museum
48 Birdoswald Roman Fort
49 Caerleon
50 Caerwent

„Wir gehen aber [...] zu den Britanniern, die von der ganzen Welt abgeschnitten sind."
Vergil, 1. Ekloge

EINFÜHRUNG

Wer nach England reist, ist in der Regel fasziniert von der Mischung aus wunderschöner Natur und traditionsreicher Architektur. Die Natur ist geprägt von geschwungenen Hügeln mit ihren Holzgattern, die den beherzten Wanderer praktisch immer weiter laufen lassen, von den steilen Klippen der Küsten (Abb. 1) und schließlich den wilden Landschaften im Dartmoor und dem Lake District (Abb. 2) mit ihrem kargen Charme. Wenn wir an englische Architektur denken, kommen gotische Kathedralen und trutzige Fachwerkhäuser in den Sinn, nicht zu vergessen die unverkennbaren Pub-Gebäude (Abb. 3), in denen zuverlässig lokaler Ale ausgeschenkt wird. Blickt man in der Geschichte weiter zurück, denkt man an Wilhelm den Eroberer mit seinen Burgen, an den Hadrianswall und an Stonehenge. Diese mächtigen Bauwerke aus unterschiedlichen Jahrtausenden erinnern uns daran, dass Britannien seit jeher durch verschiedene Kulturen geprägt und nicht, wie Vergil uns weißmachen will, „von der ganzen Welt abgeschnitten" ist.

Bereits die Menschen der Jungsteinzeit und der frühen Bronzezeit waren mit Booten zwischen dem Kontinent und Britannien unterwegs und die Ähnlichkeit der megalithischen Bauwerke dieser Zeit in Westeuropa zeigt die kulturelle Verbundenheit der hier ansässigen Völker. Die britischen Inseln sind, was die Architektur angeht, allerdings ein Spätzünder: Die ersten Steingräber und Menhire wurden in der Bretagne und in Portugal bereits um 4700 v. Chr. errichtet und um 2500 v. Chr. war der megalithische Bauboom vorbei – außer in Britannien. Stonehenge entstand beispielsweise in dieser Zeit.
Der Kulturkreis der Kelten in der Eisenzeit reichte von Spanien und Portugal über Frankreich und das heutige Deutschland bis tief ins Innere Europas hinein. Einander stark ähnelnde keltische Sprachen sind heute noch in Teilen der Bretagne, von Wales, Irland und Schottland präsent. Diese Verteilung zeigt, dass vermeintlich abseits gelegene Gegenden wie etwa die äußeren Hebriden für die Menschen der Prähistorie Teil eines gut ausgebauten Verkehrsnetzes waren, das sich über den Seeweg erschloss – das Meer war die Autobahn der Vorzeit. Funde wie das Bronze Age Boat in Dover zeigen das hohe Maß an handwerklichem Geschick, dass die Menschen vor über 3.500 Jahren aufbrachten, um seetüchtige Boote zu bauen.
Vor dem ersten Eintreffen der Römer unter Iulius Caesar in den Jahren 55/54 v. Chr. war Britannien bereits von diversen keltischen Stämmen be-

Karte 1 links: Überblick der 50 archäologischen Stätten in England und Wales.

wohnt und kultiviert. Sie waren keineswegs die barbarischen Wilden, wie uns römische Quellen bisweilen glauben machen wollen, sie waren nur nicht so zentral verwaltet wie das Römische Reich und führten eine andere Lebensweise. Die am besten sichtbaren Spuren dieser Menschen sind die sog. Hill Forts – mit aufwendigen Wall- und Grabenanlagen befestigte Orte auf Hügeln. Das eindrücklichste Beispiel ist Maiden Castle im Süden Englands. Die Funktion dieser Hill Forts ist immer noch umstritten. Dienten sie als Städte, in denen dauerhaft gesiedelt wurde? Oder als Handelsplätze? Zogen sich die Menschen vielleicht nur dorthin zurück, wenn Gefahr drohte? Oder hatten sie eher einen religiösen Charakter? Eine genaue Deutung ist deshalb schwierig, weil die Bauwerke vor dem Eintreffen der Römer überwiegend aus vergänglichen Materialien wie Holz errichtet wurden und deshalb wenige Spuren hinterlassen haben. Hinzu kommt, dass aufgrund ihrer Größe nur wenige Hill Forts ausgegraben wurden.
Als im Jahr 43 n. Chr. die Römer wiederkamen und diesmal erfolgreich die Insel eroberten, wurde das Leben der einheimischen Kelten peu à peu umgekrempelt. Die kooperierenden Stämme durften sich in sog. *civitates* weiterhin selbst verwalten, mussten aber Steuern an Rom abführen. Im Gegenzug wurden ihre Städte nach römischem Vorbild ausgebaut und mit öffentlichen Gebäuden wie einem Forum, Thermen und bisweilen einem Theater oder Amphitheater ausgestattet. Diese Annehmlichkeiten und der Wohlstand, den die römischen Legionen und Hilfstruppen auf die Insel brachten, waren für viele Einheimische verlockend. Obwohl die römischen Soldaten bis zum Ende des 2. Jhs. offiziell bis zu ihrer Pensionierung nicht heiraten durften, entstanden viele Ehen zwischen Römern und Kelten, vor den Kastellen bildeten sich Straßendörfer, sog. *vici*, in denen vermutlich die Familien der Soldaten wohnten. Doch nicht alle Kelten waren mit dem aufgezwungenen Lebenswandel, den die Römer mitgebracht hatten, einverstanden. Boudica, die

Abb. 1: Kreidefelsen bei Dover.

Abb. 2 rechts: Lake District, Blick von der Straße zwischen Broughton-in-Furness und Ambleside.

Abb. 3 Piercebridge, Pub ‚The George' am Ufer des River Tees (s. Nr. 36).

Königin des Stammes der Icener, zettelte im Jahr 60 n. Chr. einen blutigen Aufstand an. Für sie war das Aufbegehren nicht nur ein Kampf für die Freiheit ihres Stammes, sondern auch ein persönlicher Racheakt: Sie war von den Römern, die eine Frau als Stammesoberhaupt nicht akzeptierten, öffentlich ausgepeitscht und ihre beiden Töchter vergewaltigt worden. Zehntausende Kelten, darunter Frauen und Kinder, nahmen an der Revolte teil und zogen eine Spur aus Feuer und Tod durch die Insel. Ein Jahr später wurde Boudicas Heer allerdings geschlagen, denn die Römer – obwohl in der Unterzahl – siegten durch ihre überlegene Strategie und Kriegstechnik.

Mit dem Bau des Hadrianswalls ab dem Jahr 122 schließlich wurde die nördliche Grenze des Römischen Reiches in Britannien befestigt. An diesem kolossalen Bauprojekt arbeiteten verschiedene Legionen und zahlreiche Kohorten mit, die bekanntlich aus unterschiedlichen Regionen des Römischen Reiches stammten. Auch nach der Fertigstellung war die Besatzung der zahlreichen Meilenkastelle und Wachtürme multikulturell: Das Kastell Arbeia beispielsweise war im 4. Jh. von einer Auxiliartruppe aus dem Irak besetzt, der Name des Kastells leitet sich vermutlich von deren arabischer Herkunft ab.

Mit dem Abzug der Römer um das Jahr 410 begann das sog. dunkle Zeitalter. Es waren unruhige Zeiten in Europa und das bereits instabile Römische Reich brauchte die in Britannien stationierten Truppen an anderen Brennpunkten. Die Insel war nun allerdings keineswegs menschenleer, schließlich hatte sich in den letzten vier Jahrhunderten eine römisch-keltische Bevölkerung entwickelt, die weiterbestand. Mit dem Verschwinden der römischen Ordnungsmacht verließ jedoch der Wohlstand die Insel, Städte wurden verlassen, deren Steine anderswo verbaut.

Zuwanderer anderer Kulturkreise betraten nun die Bühne, Angeln und Sachsen aus Dänemark und dem heutigen Norddeutschland siedelten sich ab dem 5. Jh. vermehrt in Britannien an. Sie gelten als die Vorfahren der Briten und ihre Sprache als Vorgänger des Englischen. Diese Aussagen sind freilich sehr pauschal und die Prozesse der Einwanderung lassen sich nicht genau nachvollziehen. Aber beispielsweise weist das Englische auch heute noch starke Parallelen zum Niederdeutschen auf. Während Britannien vollständig romanisiert und im Laufe des 4. Jhs. auch christianisiert worden war, stammten die Angeln und Sachsen aus Gebieten, die kaum Berührung mit den Römern gehabt hatten. Sie brachten nun also wieder eine andere heidnische polytheistische Religion mit nach Britannien. Deren Gottheiten hießen etwa Freya oder Thor. Bereits im Jahr 596 begann eine erneute Christianisierung in England, ausgehend von Papst Gregor dem Großen (reg. 590–604).

Man nahm lange an, dass mit dem Abzug der Römer eine Rückentwicklung von Bildung, Wirtschaft und sozialen Strukturen einsetzte. Diese Vorstellung ist vor allem darauf zurückzuführen, dass wir einfach viel weniger über die Angelsachsen wissen als über die Römer. Denn sie bauten mit vergänglichen Materialien wie Holz und haben deutlich weniger schriftliche Zeugnisse hinterlassen. Ein Beweis dafür, dass dieses „dunkle Zeitalter" mitnichten so rückständig war, wie lange geglaubt wurde, sind die Funde aus Sutton Hoo.

Mit dem Eintreffen von Wilhelm dem Eroberer im Jahr 1066 definiert man allgemeinhin das Ende der angelsächsischen Zeit. Der Einzug der Normannen unter dem Rolloniden Wilhelm brachte nun wieder Einflüsse vom Kontinent. Geblieben sind aus dieser Zeit imposante Burgen wie etwa Portchester und Pevensey Castle, die oft auf ehemaligen römischen Kastellen errichtet wurden. Seit dem Mittelalter schließlich herrschten die englischen Königinnen und Könige auf der Insel, durch Abstammung und Heirat sind sie wiederum eng mit den Königshäusern des Kontinents verbunden. Die Geschichte Englands ist demnach eine Geschichte der Einwanderung und des kulturellen Austauschs.

Die frühen Phasen dieser Geschichte von der Steinzeit bis hinein ins dunkle Zeitalter werden in diesem Buch anhand von prägnanten archäologischen Stätten beleuchtet. Die archäologische Wissenschaft hat in England eine lange Tradition, dementsprechend sind diese Stätten gut erschlossen, nach englischer Art sehr gepflegt und oft didaktisch präsentiert. Viele der Museen verfügen über moderne Ausstellungen mit aufwendiger Technik und nirgends fehlt die Ecke, in der Kindern die entsprechende Zeit nähergebracht wird; etwa indem sie in römische Gewänder schlüpfen dürfen. Die Entdeckung prähistorischer Orte ist schon eher etwas für Abenteurer, denn oft stehen diese noch frei in der Landschaft und lassen sich hervorragend mit Wanderungen und Naturerlebnissen verbinden.

Literatur

Timothy Darvill: Prehistoric Britain. Abington/New York 2010.

Guy de la Bédoyère: Roman Britain. A new history. London 2013.

Wer den South Downs National Park besucht, sollte sich diese privat geführte römische Villa nicht entgehen lassen. Ihre Aufmachung ist nicht so modern wie diejenige anderer römischer Villen in England, dafür ist die lange Geschichte ihrer Erforschung in den Wänden spürbar.

01 BIGNOR ROMAN VILLA – IM SOMMER SPEISEN MIT BACCHUS, IM WINTER MIT VENUS

South East England

West Sussex

Etwa 15 km nordöstlich des römischen Chichester (Noviomagus Regnorum) sind die Reste einer der flächenmäßig größten römischen Villen in England zu besichtigen. Sie ist landschaftlich sehr schön und wie viele Villen an einem seichten Hang gelegen, mit direktem Blick auf die wenige hundert Meter weiter östlich im Tal entlangführende Stane Street, die Hauptverbindungsstraße zwischen Noviomagus Regnorum und Londinium. Die Villa befindet sich heute im Besitz der Familie Tupper, deren Vorfahre George Tupper sie im Jahr 1811 beim Pflügen entdeckte. Das Museum hat deshalb einen sehr persönlichen Charme. Nicht nur die römischen Mosaike haben einen historischen Wert, sondern auch die Schutzgebäude: Die mit Schilf gedeckten Häuser (Abb. 4) stehen hier seit dem frühen 19. Jh., als sie kurz nach der Entdeckung der Villa zum Schutz der Mosaike erbaut wurden. Weil das römische Mauerwerk damals noch so gut erhalten war, baute man die neuen Mauern einfach darauf. So geben die Schutzgebäude einen originalgetreuen Eindruck

Abb. 4: Bignor Roman Villa, Schutzgebäude aus dem 19. Jh.

von der Größe der entsprechenden Räume wieder. Die römischen Mauern sind heute noch sichtbar. Sie wurden im Originalzustand belassen, während die modernen Wände als Kontrast weiß gestrichen sind.

Die Villa machte zu römischer Zeit eine ähnliche Entwicklung durch wie andere Gutshöfe jener Epoche: Zuerst gab es nur ein längliches, nach Osten gerichtetes Holzgebäude, das wohl im späten 1. Jh. n. Chr. errichtet wurde. In der Mitte des 3. Jhs. wurde es durch ein Steingebäude ersetzt. Dieses erhielt in den folgenden Jahrzehnten einen Säulengang, eine Fußbodenheizung, einen Nord- und Südflügel sowie ein Badehaus. An den Nordflügel schlossen sich Richtung Osten zwei weitere Gebäude an, vielleicht Ställe. Im 4. Jh. wurden diese beiden Gebäude wieder abgerissen, stattdessen entstanden im Nordflügel sechs neue Räume. Der Badetrakt wurde erweitert und Nord- und Südflügel wurden im Osten durch einen langen Gang miteinander verbunden, sodass ein großer Innenhof entstand. Man vermutet, dass die drei mit Räumen ausgestatteten Flügel von verschiedenen Familien, die vielleicht miteinander verwandt waren, bewohnt wurden. Später im 4. Jh. wurden West- und Nordflügel um weitere Anbauten erweitert. Das Grundstück, bestehend aus dem Areal der Villa und einer östlich gelegenen etwa rechteckigen Fläche, wurde mit einer Mauer eingefriedet.

Zu besichtigen sind heute der westliche Teil des Nordflügels sowie Teile des Badehauses. Bemerkenswert sind die zahlreichen und wunderschön gestalteten Mosaike in diesen Räumen, die *in situ* und in ihrem ursprünglichen Zustand belassen wurden.

Einer der ersten Räume, die man im Museum betritt, war wahrscheinlich ein Speisesaal. Da es hier keine Fußbodenheizung gibt, nimmt man an, dass er nur im Sommer verwendet wurde. In der Mitte des Raumes befindet sich ein sechseckiges Wasserbecken, in dem früher eine Fontäne sprudelte. Darum herum sind sechs Tänzerinnen angeordnet, davon sind heute durch die starke Beschädigung dieses Mosaikes nur noch zwei erkennbar. Nördlich schließt sich direkt ein weiteres Mosaik an, auf dem der Raub des Jünglings Ganymed dargestellt ist: Jupiter trägt ihn in Form eines Adlers fort und er wird fortan dessen Mundschenk. Südlich dieses Raumes verläuft ein Korridor (Abb. 5). Die Länge des nicht mehr ganz vollständigen Fußbodenmosaiks dieses Ganges beträgt immer noch beeindruckende 24 m. Es ist mit blauen, roten und weißen geometrischen Formen geschmückt. Am westlichen Ende des Korridors befinden sich zwei Räume mit weiteren Mosaiken: Ein eher grob gestaltetes Mosaik zeigt die Köpfe der vier Jahreszeiten um einen Medusa-Kopf angeordnet. Diese Motive kommen in der Villa noch einmal in viel besserer künstlerischer Qualität vor: Der Winter ist direkt im angrenzenden Raum als Mosaik erhalten. Die Darstellung enthält viele Details: Der Gesichtsausdruck des Winters ist der Jahreszeit entsprechend eher mürrisch-resigniert, er hat ein dunkles Gewand um Schultern und Kopf geschwungen, wohl um sich zu wärmen. Ein kahler Zweig ragt daraus hervor. Das Haupt der Medusa ist noch

Bignor Roman Villa
Bignor,
Pulborough RH20 1PH
https://www.bignorromanvilla.co.uk/

Abb. 5 links: Bignor Roman Villa, Korridor-Mosaik.

Abb. 6: Bignor Roman Villa, Medusa-Mosaik im Badehaus.

einmal im *apodyterium* des Badehauses (Abb. 6) zu sehen, für das man die dem Museum vorgelagerte Wiese überqueren muss.

Das aufwendigste und schönste Mosaik befindet sich in einem rechteckigen Raum, der mit einer Apsis abschließt. Er hat eine Wand- und Fußbodenheizung und wurde möglicherweise als Winterspeiseraum benutzt. Das Fußbodenmosaik hat dieselbe Form wie der umgebende Raum. In der Apsis befindet sich ein halbrundes Feld, auf dem ein Frauenkopf mit einer Krone innerhalb eines Kreises abgebildet ist. Sie ist umgeben von Ranken und Vögeln, die wie Pfauen oder Fasane aussehen. Man vermutet, dass es sich um eine Göttin handelt, vielleicht Venus. Darauf könnte der breite Streifen unterhalb dieser Darstellung hindeuten, auf dem eine Reihe von geflügelten Eroten als Gladiatoren dargestellt ist. Diese würden gut zur Liebesgöttin Venus passen. Die Darstellung dürfte auch dem römischen Dichter Ovid gefallen haben, der sich in seinem Vorwort zu den *Amores* (Liebesgedichte) von kriegerischen Themen, wie etwa in Vergils *Aeneis*, abwendet und stattdessen von den Werken Amors singt – Waffen aus Eisen ersetzt er gewitzt durch Waffen der Liebe. Nicht umsonst ist Amor der Sohn des Kriegsgottes Mars.

Literatur

[o. A., vermutlich Thomas R. Tupper]: Bignor Roman Villa. Guide Book. o. O. o. J. [ab 2014].

Im Jahr 1879 trieb der Bauer Mr Munns in der Gemarkung Brading einen Pflock für eine Schafskoppel in die Erde. Dabei stieß er auf ein Mosaik, das einen Hahnenkopf darstellte. Bereits im folgenden Jahr wurden bei Ausgrabungen viele wunderschöne Mosaike entdeckt. Der Cockheaded Man (Hahnenkopfmann) ist bis heute das größte Rätsel der Brading Roman Villa.

02 BRADING ROMAN VILLA – WO DER HAHNENMANN WOHNT

South East England

Isle of Wight

Brading Roman Villa
Morton Old Rd,
Brading, Sandown
PO36 0PH
http://www.bradingromanvilla.org.uk/

Im Osten der Isle of Wight, hoch gelegen mit herrlichen Blicken auf den Ärmelkanal, befindet sich eine römische *villa rustica*, die sog. Brading Roman Villa. Die Isle of Wight dominiert die Meerenge The Solent, die vom Ärmelkanal weit ins Landesinnere reicht und in die mehrere Flüsse hineinmünden. Unweit im Norden befinden sich seit der Steinzeit wichtige rituelle Zentren wie Stonehenge (s. Nr. 22) und Avebury (s. Nr. 11), im Westen das große Hill Fort Maiden Castle (s. Nr. 18). Die See vor den Ufern der Isle of Wight war deshalb schon in prähistorischer Zeit viel befahren, Waren wurden zwischen dem Festland und Britannien ausgetauscht. Im Jahr 44 n. Chr. eroberte die römische *Legio II Augusta* unter der Führung von Vespasian, der im Jahr 69 römischer Kaiser werden sollte, die Isle of Wight. Im späten 1. oder Anfang des 2. Jhs. wurde dann ein erstes Gehöft in der Gemarkung Brading errichtet. Die heute sichtbaren Reste der Villa stammen allerdings aus einem Nachgängerbau aus dem 4. Jh.

Ursprünglich bestand das Gehöft aus drei Gebäuden, die sich um einen rechteckigen Hof ordneten. Nach den Um- und Neubauten im 2. Jh. war das Gehöft dann zu einer großen Farm mit vielen Mitarbeitern herangewachsen. Im 4. Jh. wurde es noch einmal umgebaut: Westlich und im 90-Grad-Winkel zur großen Halle wurde ein neues Wohngebäude errichtet mit beheizten Fußböden und zahlreichen Mosaiken, die heute *in situ* zu besichtigen sind. Nun befanden sich drei Gebäude um einen rechteckigen Innenhof angeordnet, dieser wurde wahrscheinlich im Zuge des Neubaus eingeebnet und mit einer Steinmauer umfriedet. In die Mitte wurde ein steinernes Wasserbecken (*nymphaeum*) gesetzt, das heute ebenfalls im Museum zu sehen ist. Dieses Arrangement impliziert, dass der Innenhof nach mediterranem Vorbild als Garten angelegt war. Diesen mussten Besucher durchqueren, um zum neuen Haupthaus zu gelangen. Ihnen wurde damit suggeriert, dass der Hausherr Geschmack hatte und sich mit dem römischen Lebensstil verbunden fühlte. Die Halle wurde wahrscheinlich weiter für das Tagesgeschäft auf der Farm genutzt, aber Gäste von ähnlich hohem sozialen Status wie der Besitzer wurden sicherlich im Haupthaus empfangen.

Abb. 7: Brading Roman Villa, Hahnenmann-Mosaik.

Die Bildung und die Orientierung an der mediterranen Welt drückte der Gastgeber auch durch die Motive auf den Mosaikfußböden aus: Sie zeigen Figuren aus der griechisch-römischen Mythologie – so etwa den Sänger Orpheus, der von Tieren umgeben ist, die seiner Musik lauschen, oder Ceres und Triptolemus: Zu sehen ist die Szene, als Ceres, die römische Göttin der Landwirtschaft, dem Jungen Triptolemus als erstem Menschen den Ackerbau zeigt. Sie fand einst Trost darin, ihn als Baby zu hüten, als sie selbst verzweifelt durch die Lande irrte, auf der Suche nach ihrer Tochter Proserpina, die von Pluto in die Unterwelt entführt worden war. Interessant ist auch die Darstellung eines sitzenden Philosophen oder Astronomen, der mit einem Stock auf einen Globus zeigt, neben ihm zwei Sonnenuhren. Das faszinierendste Mosaik aber zeigt den eingangs erwähnten einzigartigen Hahnenmann (Abb. 7): Ein Mann mit einer Hahnenkopfmaske schaut nach rechts, hinter ihm ein Gebäude, in das eine Leiter hineinführt, und rechts daneben zwei geflügelte Raubkatzen, sog. Greife. Was diese Szenerie zu bedeuten hat, ist bis heute umstritten. Die Kleidung des Mannes deutet auf einen *lanista* hin, einen Gladiatorentrainer. Es könnte aber auch ein *venator* sein, ein Jäger, der wilde Tiere für Kämpfe in Amphitheatern einfängt. Warum aber der Hahnenkopf? Ist es möglicherweise eine religiös-kultische Szene? Das Gebäude könnte ein Tempel oder ein Mausoleum sein, die Greifen die Wächter der Toten. Eine ganz andere Interpretation lautet, dass es sich um ein Rätsel handelt, das auf den Namen des Besitzers hindeutet. Könnte er vielleicht Gallus (lat. für Hahn) geheißen haben? Darauf, dass der Hahn in irgendeiner Weise mit der Villa in Verbindung steht, könnte jedenfalls ein weiterer mysteriöser Fund hinweisen: Direkt vor dem Haupteingang des Haupthauses wurde ein bestatteter großer Hahn gefunden.

Literatur

Oglander Roman Trust (Hrsg.): Brading Roman Villa. Guidebook. Brading 2012.

Der rege Schiffsverkehr im Hafen von Dover folgt einer jahrtausendealten Tradition. Davon zeugen ein sensationell erhaltener Frachtkahn aus der Bronzezeit und der einzige in Großbritannien erhaltene römische Leuchtturm, der heute noch den Ärmelkanal in den Mauern des Dover Castle überblickt.

03 DOVER – HAFEN SEIT DER BRONZEZEIT

South East England

Kent

Dover Museum
Market Square,
Dover CT 16 1PH
https://www.dovermuseum.co.uk/

Das Dover Bronze Age Boat

Die Meerenge zwischen Calais und Dover nutzten schon die Menschen der Prähistorie, um zwischen Insel und Kontinent zu reisen und Handel zu treiben. Ein Beweis für diesen Verkehr ist das Dover Bronze Age Boat, das im Dover Museum zu besichtigen ist (Abb. 8). Es wurde 1992 von Bauarbeitern etwa 6 m unter der Erde im Schlamm gefunden, wo es über 3.500 Jahre konserviert worden war. Ein gut 8 m langer Teil ist erhalten, ursprünglich war das Boot vielleicht bis zu 18 m lang. Es wird auf ca. 1550 v. Chr. datiert und besteht aus acht modellierten Eichenplanken. Die einzelnen Planken sind mit verschiedenen Holzschienen, Keilen und Seilen zusammengehalten, die Verbindungsstellen sind mit wasserfestem Moos isoliert. 1996 wurde eine exakte Replik eines Teils des Bootes mit bronzezeitlichen Materialien und Werkzeugen hergestellt, die heute ebenfalls im Museum ausgestellt ist. Das Originalboot dürfte eine Besatzung von etwa 20 Mann gehabt haben, davon 16 Paddler. Man hat ausgerechnet, dass es eine Geschwindigkeit von bis zu 5 Knoten

Abb. 8: Dover Bronze Age Boat im Dover Museum.

(ca. 9,26 km/h) erreicht haben könnte. Eine Überquerung des Ärmelkanals wäre so in wenigen Stunden möglich gewesen. Es ist aber auch denkbar, dass das Boot für Strecken entlang der englischen Südküste verwendet wurde. Die Ladung des Bootes ist unbekannt. Ein Fund von über 350 gebrauchten Bronzeobjekten französischer Machart – darunter viele ausrangierte Äxte – in der Langdon Bay wenige km östlich von Dover deutet darauf hin, dass bereits in der Bronzezeit in großem Stil mit Metall zwischen England und Frankreich gehandelt wurde.

Dover Castle mit Leuchtturm

Oberhalb des Hafens von Dover thront das mächtige Dover Castle, eine der größten mittelalterlichen Burgen Englands. Es erhebt sich majestätisch über den Kreidefelsen von Dover und ist für Schiffsreisende aus Frankreich schon von Weitem sichtbar. Die hohe Klippe mit der hervorragenden Sicht war schon in prähistorischer Zeit ein strategisch günstiger Standort. In der Eisenzeit war hier ein Hill Fort, eine ca. 4 ha große Erdwall- und Grabenanlage, in der sich vermutlich eine Siedlung befand. Bei der römischen Invasion war nicht Dover der Landeplatz der römischen Truppen, sondern wahrscheinlich das weiter nördlich gelegene Richborough (s. Nr. 8). Spätestens im 2. Jh. wurde es jedoch unter dem Namen „Dubris" Stützpunkt der Kanalflotte *Classis Britannica* und Mauerreste belegen, dass es eine befestigte Hafenanlage und eine Besiedlung gab.

Auf dem Gelände des Dover Castle (Abb. 9) scheint es keine römische Befestigung gegeben zu haben, nur einen Leuchtturm. Dieser allerdings ist in

Abb. 9: Rückansicht des Dover Castle, im Hintergrund der Ärmelkanal.

Großbritannien einzigartig. Heute befindet er sich ziemlich genau im Zentrum der mittelalterlichen Burganlage. Auf der gegenüberliegenden Seite der Flussmündung des Dour hat ein zweiter gestanden. Nachts brannten auf den Türmen Leuchtfeuer, um den Schiffen bei der Navigation zu helfen.
Der Grundriss des Leuchtturmes ist achteckig und er wurde aus fünf sich nach oben verjüngenden Lagen gebaut, von denen vier noch erhalten sind. Die obere Etage ist deutlich jünger, sie wurde im frühen 15. Jh. auf das Bauwerk gesetzt, das nun als Glockenturm für die direkt danebenliegende Kirche St Mary (10. Jh.) dienen sollte. Leuchtturm und Kirche sind die ältesten Gebäude auf dem Gelände von Dover Castle. Nach der Ankunft Wilhelm des Eroberers im Jahr 1066 wurde die Stätte nach und nach immer weiter zu einer weitläufigen Befestigungsanlage ausgebaut. Das Herzstück der Burg von Dover ist heute der beeindruckende Burgfried mit seiner Befestigungsmauer. Diese Anlage wurde in den 1180er-Jahren von Heinrich II. erbaut, die ebenso mächtigen Außenmauern stammen aus dem 12. und 13. Jh. Bis in den Zweiten Weltkrieg wurde Dover als Garnison und zu militärischen Zwecken genutzt. Heute ist das gesamte Gelände für Besucher zugänglich. Besonders eindrücklich ist die Ausgestaltung des Burgfriedes, dessen Räumlichkeiten so hergerichtet sind, wie sie zur Zeit Heinrichs II. als königliche Residenz ausgesehen haben mögen.

Roman Painted House

Roman Painted House
25 New St, Dover CT17 9AJ
http://theromanpaintedhouse.org.uk/

Literatur

Brian Philip: The Roman Painted House at Dover. Dover o. J. (Erstausgabe 1985).

The Dover Bronze Age Trust (Hrsg.): The Dover Bronze Age Boat Gallery. Guide. Dover o. J. (ab 2013).

Steven Brindle: Die Burg von Dover. London 2015 (English Heritage Guidebooks).

In der New Street wurden in den 1970er-Jahren im Rahmen eines großangelegten archäologischen Rettungsprogramms Reste eines römischen Hauses freigelegt. Fast alle Räume waren mit einer Fußboden- und Wandheizung ausgestattet. Die größte Besonderheit des Hauses aber ist die erhaltene Wandbemalung, weshalb man das darüber gebaute Museum The Roman Painted House nennt. Das Gebäude wurde wahrscheinlich um das Jahr 200 als *mansio*, eine Art Reiseunterkunft, erbaut. Es bestand bis etwa ins Jahr 270, als die südenglische Küste im Zuge der Bedrohung durch Piratenüberfälle stärker gesichert wurde. Zugunsten einer neuen Befestigungsanlage wurde ein Teil der *mansio* abgerissen und überbaut. Die erhaltene Wandbemalung entspricht dem typischen Stil in römisch-britischen Villen: Die Wände sind horizontal in drei Abschnitte unterteilt, der oberste enthält rechteckige Tafeln, die durch gemalte Säulen voneinander getrennt sind. In den Tafeln (meistens fünf pro Wand) sind dann verschiedene figürliche Motive dargestellt. Der Großteil dieser Tafeln ist im Roman Painted House leider verloren. Bruchstücke weisen aber darauf hin, dass die Motive im Zeichen des Weingottes Bacchus standen.

Die Ausmaße dieser Villenanlage sind wahrlich eines Königs würdig. Zahlreiche wunderschöne und sehr unterschiedliche Mosaike zeugen vom Geschmack des jeweiligen Hausherren über drei Jahrhunderte.

04 FISHBOURNE ROMAN PALACE – KÖNIGSPALAST DES TOGIDUBNUS?

South East England

West Sussex

Fishbourne Roman Palace
Roman Way,
Chichester PO19 3QR
http://sussexpast.co.uk/properties-to-discover/fishbourne-roman-palace

Das Museum Fishbourne Roman Palace ist in seiner 1960er-Jahre-Optik sicherlich nicht das schönste Museum in England – man sollte sich aber nicht vom ersten Eindruck täuschen lassen, denn die Schätze, die es birgt, sind atemberaubend. In diesem Museum ist der Nordflügel der größten römischen Villenanlage, die nördlich der Alpen gefunden wurde, zu besichtigen. In einer modernen hellen Halle sind zahlreiche, sehr unterschiedliche und aus verschiedenen Jahrhunderten stammende Mosaike *in situ* zu sehen. Obwohl bereits im frühen 19. Jh. Teile eines schwarzweißen Mosaikfußbodens in der Nähe gefunden wurden und es auch später immer wieder Berichte römischer Funde gab, wurde die Villa erst 1960 von einem Bauarbeiter entdeckt, als er den Graben für eine Wasserleitung aushob.

Die Entdeckung von Holzkonstruktionen, die in die Jahre zwischen 43 und 65 n. Chr. datiert werden, suggeriert, dass sich an dieser Stelle zunächst ein Kornspeicher befunden hat. Teile militärischer Ausrüstung wie Schnallen und Scharniere von Brustpanzern aus dieser Zeit wiederum deuten auf eine militärische Präsenz hin.

Vermutlich zwischen 65 und 75 n. Chr. wurde mit dem Bau einer ersten, wertvoll ausgestatteten Villa begonnen, doch schon 10 Jahre später war diese wohl nicht mehr genug: Massenweise Ton und Sand wurden weggeschaufelt, um eine ebene Fläche von 2,3 ha für ein neues palastartiges Gebäude zu schaffen. Dieses bestand aus vier Flügeln, die um einen großen Innenhof angeordnet waren. Das alte Villengebäude wurde in dieses neue Bauwerk integriert und bildete nun dessen Südostecke. Im Süden schloss sich an das Gebäude ein weiterer großer Garten an. Gründlich untersucht werden konnte bisher nur die nördliche Hälfte dieser Anlage, weil die südliche überbaut ist. Zentral im Ostflügel befand sich eine riesige Eingangshalle, gegenüber davon im Westflügel eine kleinere Halle, die wahrscheinlich als Empfangssaal diente. An der Nordostecke befand sich eine dritte große Halle, deren genauer Zweck unbekannt ist. In den restlichen nicht überbauten Teilen der Villa wurden zahlreiche Räume freigelegt, die ursprünglich mit schwarzweißen Mosaiken mit geometrischen Mustern ausgelegt waren. Der Nordflügel, der heute im Museum zu besichtigen ist, enthielt 23 Räume. Diese waren um zwei Innenhöfe arrangiert, die sich zum großen Innenhof öffneten. Man geht davon aus,

Abb. 10: Fishbourne Roman Palace, Nordflügel der Villenanlage mit zahlreichen Mosaiken.

dass es sich um insgesamt drei luxuriöse Suiten handelte, in denen Gäste von hohem Rang untergebracht waren. Der Westflügel war auf einer um ca. 1,5 m erhöhten Plattform errichtet, die Empfangshalle war wahrscheinlich durch mächtige Säulen flankiert und durch eine breite Treppe zu erreichen. Man kann sich gut vorstellen, wie ein Besucher – vielleicht ein zugereister Geschäftsmann aus dem Norden Englands, dem solche Bauwerke gänzlich unbekannt waren – durch die gewaltige Eingangshalle in den ausladenden Garten schritt und aufblickte zu der erhöhten Fassade der Empfangshalle, wo der Hausherr auf ihn wartete. Wahrscheinlich war er schon eingeschüchtert, bevor er diesen überhaupt zu Gesicht bekam.

Wer war dieser Hausherr, dass er sich eine Villa solchen Ausmaßes leisten konnte? Die Eingangs- und Empfangshalle sowie die Gästesuiten sprechen dafür, dass es sich um einen hochrangigen Amtsträger handelte, der mit den römischen Besatzern zusammenarbeitete. Die am weitesten verbreitete These lautet, dass der Eigentümer Tiberius Claudius Togidubnus (alternativ auch Cogidubnus) gewesen sei, ein lokaler König, der den Römern gegenüber freundlich gesinnt war. Im Jahr 68 n. Chr. erhielt er sogar den Status eines *legatus Augusti*, was ihn zu einem Vasallenkönig machte, der im Namen Roms weiter über sein Volk, die Atrebaten, herrschen durfte. Diese Informationen haben wir vom römischen Historiker Tacitus, doch auch eine lokale Weihinschrift, die im 18. Jh. im nahegelegenen Chichester gefunden wurde, nennt Togidubnus: Diese Inschrift hängt heute am Eingang des Council House von

Chichester in der North Street. Die Datierung des Palastes passt jedenfalls gut zu Togidubnus' neuem Status des *legatus Augusti*, dem ein neues prächtiges Palastgebäude sicher angemessen war.
Der Palast durchlief bis ins späte 3. Jh. mehrere Umbauphasen, in denen zum Teil ganze Gebäudeteile niedergerissen und neu aufgebaut wurden. Die aufwendigsten Änderungen fanden in der Mitte des 2. Jhs. statt, als der Nordflügel mit einer Fußbodenheizung und neuen Mosaiken ausgestattet und eine neue Badesuite im nördlichen Ostflügel errichtet wurde. Um das Jahr 280 zerstörte dann ein Brand den Großteil der Villa. Die Schäden müssen so gravierend gewesen sein, dass ein Wiederaufbau zu kostspielig oder nicht lohnenswert erschien. Der einst so prächtige Palast oder das, was von ihm übrig war, verfiel.

Literatur

Barry Cunliffe: Fishbourne Roman Palace. A Guide to the Site. o. O. 2016.

Rundgang

Im Museum zu besichtigen ist der Nordflügel der Villa (Abb. 10). Die flächendeckende Auslegung des Fußbodens mit Mosaiken ist überaus beeindruckend und vermittelt eine Idee von der Größe und Pracht allein dieses einen Flügels des Anwesens. Besonders interessant ist der sichtbare Unterschied der Mosaike aus den verschiedenen Bauphasen. Das schönste Mosaik stammt aus der großen Umbauphase im 2. Jh. In dessen Zentrum ist der römische Liebesgott Cupido mit einem Dreizack und auf einem Delphin reitend abgebildet. Darum herum sind weitere Meeresmotive wie Seepferde und Muscheln angeordnet. Diese Motive symbolisieren vielleicht die Nähe der Villa zum Meer. Bei Konservierungsarbeiten im Jahr 1979 wurde unter dem Mosaik ein älteres schwarzweißes entdeckt, das geborgen und weiter hinten im Museum ausgelegt wurde. Es war ursprünglich das Mosaik in einem Speiseraum und hat eine sehr besondere Gestaltung: Der Rand ist als Stadtmauer gestaltet, darin befinden sich 16 Quadrate mit verschiedenen geometrischen Mustern.
Vom Museumsgebäude aus kann man auf das Gelände des ehemaligen großen Innenhofes gehen. Es wurde bis zur angrenzenden Wohnbebauung in der Weise gestaltet, wie man sich die römische Anlage vorstellt. Gegenüber vom Museum befindet sich das Discovery Centre, in dem man durch eine Glasscheibe das Lager sehen kann, in dem die Funde der archäologischen Ausgrabungen am Fishbourne Roman Palace aufgehoben werden. Im nahegelegenen Chichester ist außerdem das kleine Novium Museum sehenswert, in dem man eine römische Thermenanlage und Funde aus dem römischen Chichester kostenlos besichtigen kann.

Die spätantiken Bewohner dieser luxuriösen Villa waren Christen, das geht aus der einzigartigen Wandmalerei der Hauskirche hervor, die im 4. Jh. eingebaut wurde. Gleichzeitig schienen sie der paganen Kultur und Religion zugetan. Ein faszinierender Einblick in den religiösen Alltag der wohlhabenden Landbevölkerung Britanniens.

05 LULLINGSTONE ROMAN VILLA – RELIGIONSFREIHEIT IM LUXUSHAUSHALT

South East England

Kent

Die Lullingstone Roman Villa liegt im Darent Valley, einem Naherholungsgebiet im Südosten von London. Von der Nähe der Metropole bekommt man in diesem grünen Landschaftszug wenig mit. Am Wochenende trifft man hier auf Rennradfahrer und Spaziergänger, im Dorf Eynsford picknicken im Sommer Familien am Ufer des River Darent und schlendern barfuß durch die Furt neben der Brücke schräg gegenüber vom Plough Inn.

Hier, zwischen fruchtbaren Wiesen und in Flussnähe, wurde um das Jahr 100 n. Chr. eine römische Villa erbaut. In dieser Gegend zu wohnen, bedeutete, nahe am römischen Geschehen zu sein. Die wichtigen Häfen Rutupiae (Richborough) und Dubris (Dover) befanden sich in der Nähe und nördlich von Lullingstone verlief die Watling Street.

Abb 11: Lullingstone, Blick auf das Eynsford Viadukt. Dahinter befindet sich das Dorf Eynsford.

Die erste Villa war eine noch recht einfach gehaltene Eckrisaliten-Villa. Sie bestand aus einem langen Hauptflügel, der nach Osten den Hang hinunter zum Fluss gerichtet war. Auf der Vorder- und Rückseite befand sich jeweils ein Korridor, zu beiden Seiten des Hauptflügels zwei rechteckige nach Osten hervortretende Räume, die sog. Eckrisaliten. Diese Grundstrukturen blieben auch in späteren Bauphasen im Wesentlichen erhalten und bilden heute das Zentrum der überdachten Ausgrabung.

Lullingstone Roman Villa
Lullingstone Lane, Eynsford, DA4 0JA
https://www.english-heritage.org.uk/visit/places/lullingstone-roman-villa/

Unter dem nördlichen Risalit befand sich ein Keller, zu dem es mehrere Zugänge gab. Dieser sollte in den folgenden Bauphasen von Bedeutung sein. Nordwestlich der Villa wurde ein runder Schrein errichtet. In einer zweiten Bauphase gegen Ende des 2. Jhs. wurde die Villa im Süden und Norden erweitert. Im Süden wurde ein Badehaus errichtet, im Norden ein Gebäudekomplex, der von vorn gesehen symmetrisch zum neuen Badeflügel war, dessen Nutzung in jener Zeit aber unbekannt ist. Spätestens jetzt wurde der Keller als Kultraum benutzt. Dies geht aus einer Wandmalerei hervor, auf der eine Wassernymphe zu sehen ist. Sowohl das Badehaus als auch der Kultraum hatten Eingänge nicht nur von innerhalb der Villa, sondern auch von außen. Das lässt darauf schließen, dass auch andere Menschen, die nicht hier wohnten, diese Einrichtungen nutzen durften.

Im späten 3. Jh. wurden weitere Um- und Neubauten vorgenommen. Der Nordflügel wurde beispielsweise abgerissen und durch einen schlankeren Komplex ersetzt, der eine Wand- und Fußbodenheizung bekam. Diese neue Ausstattung unterstreicht den Wohlstand der Bewohner. Außerhalb des Haupthauses wurde außerdem in Richtung des Flusses ein Getreidespeicher erbaut, weiter oben am Hang ein Mausoleum. Beide sind heute nicht mehr sichtbar.

Eine dritte Bauphase in der Mitte des 4. Jhs. brachte noch einmal wesentliche Änderungen: Der westliche Korridor im Hauptflügel sowie die dazugehörige Außenwand wurden durchbrochen für den Bau eines neuen Speisesaals, der durch eine neu errichtete Apsis eine halbrunde Form erhielt. Diesem vorgelagert war eine Empfangshalle, für die ebenfalls Wände im Innern der Villa entfernt wurden. Diese beiden Räume wurden mit wertvollen Mosaikfußböden ausgestattet. Es sind die einzigen Mosaike, die in der Villa heute erhalten sind. Das Mosaik im Speisesaal stellt den Raub Europas durch den Göttervater Jupiter in der Gestalt eines Stieres dar. Ein Erot zieht den Stier am Schweif, um ihn von seinem Verbrechen abzuhalten. Das Mosaik in der Empfangshalle zeigt eine weitere mythologische Szene aus dem griechisch-römischen Raum: Bellerophon, der Prinz von Korinth, reitet auf dem geflügelten Pferd Pegasus und tötet eine Chimära, ein feuerspeiendes löwenähnliches Monstrum. Umgeben ist diese Szene von vier Meereswesen. Eingebettet ist diese ganze Szenerie in ein großes Rechteck, das mit geometrischen Mustern geschmückt ist. Beide Mosaikdarstellungen suggerieren, dass der Besitzer sich mit der griechisch-römischen Mythologie gut auskannte.

Abb. 12: Lullingstone Roman Villa, frühchristliches Wandgemälde (British Museum London).

In die Bauphase des 4. Jhs. fällt noch eine weitere Änderung: Der Raum über dem Keller im Nordflügel wurde in eine christliche Hauskirche umgewandelt. Aus Trümmern konnte eine Wandmalerei rekonstruiert werden, die das christliche Symbol Chi-Rho (die griechischen Buchstaben X und P, als Kleinbuchstabe ρ) zeigt. Diese beiden griechischen Buchstaben bilden den Anfang des Namen Christus: Χριστός. An der westlichen Wand wurde eine weitere großflächige Malerei entdeckt (Abb. 12), auf der sechs edel gekleidete Figuren dargestellt sind, die ihre Hände auf Schulterhöhe zum Gebet erheben, wie es heute noch evangelische Pfarrer tun, wenn sie den Segen sprechen. Dieses Gemälde mit seiner offen christlichen Symbolik ist einzigartig in Großbritannien, heute ist es im British Museum in London (s. Nr. 23) zu besichtigen. Ob der Raum unterhalb dieser kleinen Kirche in der Mitte des 4. Jhs. immer noch als paganer Kultraum benutzt wurde, ist nicht genau zu sagen. Fest steht, dass zu dieser Zeit sowohl die beiden Mosaike als auch die christlichen Malereien und somit pagane und christliche Motive im selben Haus nebeneinander existierten.

Dies ist der brisanten Funde in Lullingstone nicht genug: Gefunden wurden außerdem zwei gut erhaltene Büsten aus griechischem Marmor, die einen Hinweis darauf geben könnten, wer zeitweise hier gewohnt hat: Man hat eine Büste mit Publius Helvius Pertinax, Statthalter von Britannien in den Jahren 185 bis 186 und anschließend Imperator für drei Monate im Jahr 193, identifiziert, die andere mit seinem Vater Publius Helvius Succesus. Könnte die Familie von Pertinax hier gelebt haben? War dies vielleicht sein Landsitz? Möglicherweise hat er die Villa während seiner Amtszeit erworben. Ob sie über die 300 Jahre ihrer Nutzung bis ins späte 4. oder frühe 5. Jh. von derselben Familie bewohnt war oder ob und wie oft die Besitzer wechselten, bleibt im Verborgenen.

Literatur

Pete Wilson: Lullingstone Roman Villa. London 2017 (English Heritage Guidebooks).

Pevensey Castle ist eine der stimmungsvollsten Befestigungsanlagen im Süden von England. Von Römern und Normannen geformt, trennt sie heute die beiden Dörfer Pevensey und Westham voneinander. Früher verlief die Hauptstraße mitten durch das römische Kastell, jetzt führt sie außen an den Mauern entlang.

06 PEVENSEY CASTLE – MILITÄRSTÜTZPUNKT FÜR ODER GEGEN DAS IMPERIUM?

South East England

East Sussex

Das römische Kastell

Pevensey Castle wurde um 290 als eines von mehreren römischen Kastellen an der britannischen Südküste errichtet. Von ähnlichem Bautyp sind das ca. 100 km weiter westlich gelegene Portchester Castle (s. Nr. 7) oder Richborough Roman Fort (s. Nr. 8) nördlich von Dover. Die Entstehung dieser Küstenkastelle hängt wahrscheinlich mit dem römischen Feldherrn Carausius zusammen: Der Historiker Eutrop berichtet, dass der Flottenadmiral Carausius unter Kaiser Diokletian (reg. 284–305) den Auftrag erhielt, den Ärmelkanal zu sichern, da dieser von sächsischen und fränkischen Piraten unsicher gemacht wurde. Die Piraten störten den regen Handel zwischen der britischen Insel und Gallien, vor allem den Transport von Edelmetallen von Britannien auf das Festland. Man vermutet, dass Carausius, um der Plünderei Einhalt zu gebieten, zu beiden Seiten des Kanals, an der britannischen und der gallischen Küste, strategisch günstig gelegene Kastelle errichten ließ – besonders an den Flussmündungen, da die Piraten mit ihren Booten leicht die Flüsse hinauffahren und so ins Landesinnere eindringen konnten. Zeitlich würde es sehr gut passen, da die Datierung des Kastells mit Carausius' Wirken in Britannien (285–293) übereinstimmt. Im Zusammenhang mit diesen Kastellen ist auch die Errichtung eines eigenen Militärbezirkes, des sog. *Litus Saxonicum* („Sachsenküste"), zum Schutz des Handelsverkehrs im Ärmelkanal überliefert. Wann dieser Bezirk eingerichtet wurde, wissen wir aber nicht genau.

Eine weitere Theorie zu den Küstenkastellen lautet, dass diese gar nicht oder zumindest nur oberflächlich zur Bekämpfung von Piraten errichtet wurden, sondern dass Carausius, der sich selbst um das Jahr 286 zum *Augustus* ausrufen ließ, sie im Zuge seiner eigenen Herrschaftsbestrebungen und zur Verteidigung gegen das römische Imperium, dem er (noch) diente, erbauen ließ. Während seiner Zeit in Britannien ließ er auch eigene Münzen prägen, auf denen er sich als *Augustus* darstellen ließ. Einige davon wurden in Pevensey Castle und in Portchester Castle gefunden. Man kann mehrere Exemplare im Museum of London (s. Nr. 23) besichtigen.

Literatur

John Goodall: Pevensey Castle. London 2016 (English Heritage Guidebooks).

In der *Notitia Dignitatum* ist Pevensey Castle wahrscheinlich unter dem Namen „Anderidos" (lat. Anderitum oder Anderida) eingezeichnet. Die *Notitia dignitatum* ist ein römisches Staatsdokument, das durch mittelalterliche Überlieferungen wohl in der Form des frühen 5. Jhs. überliefert ist. Darin ist die Organisation des östlichen und westlichen Römischen Reiches dokumentiert, u. a. sind wichtige Militärposten an der südbritannischen Küste eingezeichnet. In dem Dokument wird auch eine Flotte namens *Classis Anderidaensis* genannt, die vermutlich ihre Basis in Pevensey hatte.

Die Form des römischen Kastells ist eigenartig, da sie nicht wie bei den Römern üblich rechteckig, sondern unsymmetrisch und oval ist. Das ist darauf zurückzuführen, dass die Mauer der natürlichen Form der Anhöhe folgt, auf der die Anlage errichtet wurde. Die Landschaft sah hier vor 1.700 Jahren anders aus als heute. Die Anhöhe befand sich auf einer Halbinsel, die damals noch ins Meer hineinreichte. Pevensey Castle ist heute eines der flächenmäßig größten erhaltenen römischen Kastelle. Seine bis zu 3,7 m dicken und ca. 9 m hohen Mauern sind bis auf die Südseite erhalten. Besonders am westlichen Eingang, dem ehemaligen Haupteingang, der von zwei halbovalen Türmen flankiert wird, erhält man einen Eindruck der mächtigen Befestigungsanlage (Abb. 13). Hier ist auch die typisch römische Bauweise, das *opus mixtum*, gut erkennbar: Zur Stabilisation wurden in das reguläre Mauerwerk in regelmäßigen Abständen Ziegelschichten eingezogen. Obwohl das sich daraus ergebene Streifenmuster aus heutiger Sicht hübsch aussieht, hatte es damals nur einen pragmatischen Nutzen und war häufig durch eine darüberliegende Putzschicht gar nicht sichtbar. Was sich zu römischer Zeit im Innern der Befestigungsmauern abspielte, ist ungewiss. Wahrscheinlich waren die Gebäude aus Holz errichtet, weshalb ihre Spuren heute verloren sind.

Die mittelalterliche Burg

Die innere Befestigung in der Südostecke der Anlage stammt aus der normannischen Zeit. Pevensey Castle war der Landeplatz von Wilhelm dem Eroberer im Jahr 1066. Wohl ein Jahr später schenkte dieser die Anlage seinem Halbbruder Robert von Mortain. Er war es wahrscheinlich, der als erster das Innere der römischen Anlage in zwei Teile teilte und eine permanente Befestigung in der Südostecke baute. Der Graben, von dem man annimmt, dass er die Zweiteilung der Anlage markierte, ist noch heute auf der Höhe des Nordturmes der mittelalterlichen Burg (der Turm links vom Eingang zur inneren Burg) ansatzweise zu erkennen. Diese erste, wahrscheinlich hölzerne Burganlage wäre somit größer gewesen als die heute erhaltene und hätte den gesamten nordöstlichen Bereich des römischen Kastells bedeckt. Ob Teile der heute sichtbaren Ruinen aus dieser ersten Bauphase stammen, ist ungewiss. Besonders die Architektur des Burgfrieds lässt keine eindeutigen Schlüsse

Abb. 13: Pevensey Castle, westlicher Eingang zum römischen Kastell.

auf eine genaue Datierung zu. Das Eingangstor zur mittelalterlichen Burg zumindest wird etwa auf das Jahr 1200 geschätzt. Mit seinem linken Turm, dessen eine Wand noch hoch aufragt, den unförmigen Fensterlöchern und dem dichten Pflanzenbewuchs, der im Sommer über die Mauern wuchert, ist dies sicherlich der charakteristischste und romantischste Teil vom Pevensey Castle. Die sich an das Tor zu beiden Seiten anschließende Mauer mit ihren mächtigen halbovalen Türmen wurde von Peter von Savoyen, dem Earl von Richmond, erbaut, nachdem er Pevensey Castle im Jahr 1246 von König Heinrich III. geschenkt bekommen hatte.
Im Gegensatz zu Portchester Castle, das seit der normannischen Eroberung über die nächsten Jahrhunderte stetig genutzt und instandgehalten wurde, war Pevensey Castle bereits im 16. Jh. eine komplette Ruine. Erst im Zweiten Weltkrieg wurde es wieder genutzt. Man bereitete sich hier auf eine mögliche Invasion der Deutschen vor, nutzte es als Wachposten und stationierte u. a. britische und US-amerikanische Truppen in den Ruinen der mittelalterlichen Burg.

1.700 Jahre nach ihrer Erbauung thronen die beeindruckenden Mauern von Portchester Castle immer noch über dem Portsmouth Harbour. Zu römischer Zeit einer der wichtigsten Stützpunkte der Sachsenküste, war es seit dem Mittelalter eine gern besuchte Residenz der englischen Royals.

07 PORTCHESTER CASTLE – SACHSENKÜSTENKASTELL, KÖNIGLICHE RESIDENZ, GEFÄNGNIS

South East England

Hampshire

Das römische Kastell

Etwa 100 km westlich von Pevensey Castle befindet sich Portchester Castle (Abb. 14) an der südenglischen Küste. Ebenso wie Pevensey wurde es wahrscheinlich in den 90er-Jahren des 3. Jhs. als eines von vielen Kastellen zu beiden Seiten des Ärmelkanals unter dem Feldherrn Carausius erbaut – als militärischer Stützunkt, entweder um Piraten zu bekämpfen, die den Ärmelkanal unsicher machten, oder um eine Verteidigung gegen Rom aufzubauen. Carausius ernannte sich nämlich im Jahr 286 selbst zum Imperator und man nimmt an, dass er von langer Hand eine Alleinherrschaft geplant hatte, die sich gegen die Kaiser des Ost- und Weströmischen Reiches richtete.

Wie das Innenleben des Kastells gestaltet war und wer darin lebte, weiß man nicht, da es keine aussagekräftigen Strukturen oder Funde gibt. Einige Kindergräber aus dem 4. Jh. deuten aber darauf hin, dass es eine zivile Siedlung innerhalb der Mauern gab. Portchester ist auf der *Notitia Dignitatum* wahrscheinlich als Kastell der Sachsenküste mit dem Namen „Portu adurni“ (lat.

Abb. 14: Blick über den Paulsgrove Lake auf die römische Kastellmauer und den mittelalterlichen Burgfried von Portchester Castle.

Portus Adurni) eingezeichnet. Dieser Eintrag würde bedeuten, dass es im 4. Jh. ein wichtiger militärischer Posten der Sachsenküste gewesen sein muss. Wie ist das aber mit den Kindergräbern vereinbar? Lebten vielleicht die Familien der Soldaten mit diesen im Kastell? Weitere Ausgrabungen innerhalb der Mauern werden hoffentlich bald neue Erkenntnisse bringen.
Die mächtigen bis zu 6 m hohen Außenmauern von Portchester Castle mit ihren halbovalen Türmen gehen wohl auf den Bau des Kastells im späten 3. Jh. zurück. Der obere Aufbau an der Westseite sowie der Burgfried im Nordwesten sind mittelalterlich. Die Mauern wurden freilich im Laufe der Jahrhunderte immer wieder ausgebessert und die Innenseite wurde im Mittelalter abgetragen, um Material für den Bau einer neuen Burg zu erhalten. Deshalb ist die Mauer wesentlich schmaler als ursprünglich und die Innenseite ist uneben und rau. Geht man um das Portchester Castle herum, kann man aber an vielen Stellen die römische Bausubstanz identifizieren. Man erkennt sie an den horizontalen Bändern aus roten Ziegeln und Feuerstein, die das Mauerwerk stabilisieren (*opus mixtum*). Das römische Kastell war wahrscheinlich von zwei Schutzgräben umgeben. Der heute sichtbare Graben ist jedoch vermutlich mittelalterlich.

Die mittelalterliche Burg

Der Burgfried und die äußeren Mauern der Burganlage in der Nordwestecke der Befestigung sowie die Kirche St Mary in der Südostecke stammen aus dem 12. Jh. Wahrscheinlich ersetzten sie frühere Holzstrukturen aus dem späten 11. Jh. Diese erste hölzerne Burganlage wurde vermutlich von Wilhelm Maudit errichtet, einem Gefolgsmann von Wilhelm dem Eroberer. Dieser hatte ihm Portchester Castle bald nach der Eroberung Englands im Jahr 1066 geschenkt. Innerhalb dieser mittelalterlichen Burganlage gibt es diverse Strukturen aus unterschiedlichen Epochen, die bis in das 17. Jh. reichen. Im Jahr 1154 nahm der englische König Heinrich II. Portchester Castle in Besitz und seitdem gehörte es der englischen Krone. Von König zu König wurde die Festung unterschiedlichen Zwecken zugeführt und dementsprechend umgebaut und instandgehalten. Deshalb ist Portchester Castle heute auch in einem so viel besseren Zustand als Pevensey Castle.
Die Burganlage verfügte über königliche Gemächer und wurde immer wieder für kürzere Aufenthalte genutzt. Auch Heinrich VIII. besuchte Portchester Castle zusammen mit Anne Boleyn im Jahr 1535, später Königin Elisabeth I. im Jahr 1603. Von 1665 bis 1814 wurde Portchester Castle dann als Gefängnis für Kriegsgefangene genutzt, u. a. wurden hier 1796 über 2.000 Kriegsgefangene aus der Karibik untergebracht. Während dieser Zeit verfielen die römischen und mittelterlichen Mauern und Gebäude langsam. Erst 1926 wurde begonnen, die Anlage rundum zu säubern und instand zu setzen.

Literatur

John Goodall u. a.: Portchester Castle. London 2018 (English Heritage Guidebooks).

Ob Richborough im Jahr 43 n. Chr. wirklich der Landeplatz der römischen Truppen war, ist bis heute umstritten. Dass es aber in den kommenden zwei Jahrhunderten als wichtigster Hafen für Ankommende vom Festland symbolisches Tor nach Britannien war, belegen die Fundamente eines monumentalen Bogens, den jeder durchschreiten musste, der die römische Provinz betrat.

08 RICHBOROUGH ROMAN FORT – LANDEPLATZ DER RÖMISCHEN INVASION?

South East England

Kent

Das Hinterland der Sandwich Bay ist heute flaches Marschland, in dem sich industrielle und landwirtschaftliche Betriebe angesiedelt haben. Noch im 15. Jh. war dieser Küstenstreifen etwa bis zur heutigen Ortschaft Deal im Süden von Wasser bedeckt, dem sog. Wantsum Channel. Die Halbinsel Isle of Thanet war damals noch vom Festland getrennt. Einst direkt am Ufer dieses Kanals, heute inmitten des Marschlandes, liegt das römische Sachsenküsten-Kastell Richborough. Da hier Bautätigkeiten bereits aus dem 1. Jh. n. Chr. nachgewiesen werden konnten, nimmt man an, dass an dieser Stelle die erste Flotte bei der römischen Invasion im Jahr 43 landete. Beweise dafür gibt es allerdings nicht. Dagegen spricht, dass die Römer wahrscheinlich an der Südküste um Chichester bereits freundschaftliche Beziehungen zu einheimischen Stämmen pflegten und eine Landung in diesem Gebiet doch

Abb. 15: Richborough Roman Fort, Blick von der Richborough Road auf die westliche Verteidigungsmauer.

sicherer gewesen sein müsste. Möglich wäre auch, dass Richborough nur eine Art Zwischenstation war, bevor die Truppen (insg. ca. 30.000 bis 40.000 Mann) zu einer endgültigen Landung bei Chichester weiterfuhren.

Erhalten sind in Richborough aus dieser Zeit keine Mauern aus Stein, sondern nur Reste eines doppelten Grabens, der wahrscheinlich angelegt wurde, um das erste Lager der angekommenen Truppen, deren Vorräte und Schiffe vor möglichen Angriffen aus dem Landesinneren zu schützen. Der Graben verlief ungefähr parallel zur Küste und konnte über eine Länge von 650 m nachgewiesen werden. Heute ist noch ein Abschnitt im nordwestlichen Teil des Kastells parallel zum Fluss Stour zu sehen.

Wahrscheinlich wurde Richborough bald nach der Invasion zu einer Art Versorgungslager und Hafen ausgebaut. Die Gräben wurden zugeschüttet, und auf einer Fläche von ca. 21 ha, die weit über die Grenzen des heute sichtbaren Kastells hinausgeht, wurden Straßen angelegt und Holzgebäude errichtet, vielleicht Lagerhäuser. Im Laufe des 1. Jhs. n. Chr. entwickelte sich in Richborough auch eine zivile Siedlung, die schnell wuchs und zu einem wichtigen Zentrum im Süden Englands wurde. Ihr Name war Rutupiae, wie zahlreiche Erwähnungen und auch Darstellungen der Stadt in antiken Karten wie der *Tabula Peutingeriana* oder dem Straßenverzeichnis *Itinerarium Antonini* bezeugen.

Die besondere Bedeutung der Stadt wurde im Jahr 85 durch den Bau eines monumentalen Bogens untermauert. Dieses prächtige und beeindruckende Monument ist ursprünglich um die 25 m hoch gewesen. Man kann es sich als eine Art überdimensionales Tor vorstellen, das auf einem Podest stand und von vier Seiten begehbar war, ein sog. Quadrifons. Da Rutupiae der Haupt-

Literatur

Tony Wilmott: Richborough and Reculver. London 2016 (English Heritage Guidebooks).

hafen für ankommende Schiffe vom Kontinent war, könnte dieser Bogen den Eingang nach Britannien symbolisiert haben. Die Errichtung des Bogens von Richborough fällt in die Zeit, als Gnaeus Iulius Agricola, Statthalter Britanniens, mit dem Sieg in der Schlacht am Mons Graupius in Schottland die vollständige Eroberung Britanniens besiegelt hatte. Vielleicht wurde der Bogen also auch als Siegesmonument errichtet, um dieses Ereignis zu würdigen. Beide potentielle Zwecke würden freilich Hand in Hand gehen. Die Pracht des Bogens wird nicht nur durch seine vierseitige Form deutlich, sondern auch durch Funde einer Verkleidung aus italienischem Marmor.

Der Grundriss dieses Bogens ist heute etwa im Zentrum des Kastells sichtbar. Wahrscheinlich nach seiner Errichtung wuchs Rutupiae weiter an, es wurden neue Straßen und Gebäude sowie ein Amphitheater errichtet. Dieses befindet sich heute etwa 350 m südwestlich des Kastells auf eingezäuntem Privatland und ist nur noch als leichte Erhebung in der Landschaft erkennbar.

Rutupiaes Bevölkerung sank mit dem Beginn des 3. Jhs. Möglicherweise hat der Rückgang etwas mit der zunehmenden Bedrohung durch Piraten im Ärmelkanal zu tun. Um 250 müssen die Angriffe der Piraten so massiv geworden sein, dass die Stadt für militärische Zwecke umgebaut werden musste. Zunächst wurde Erdwerk aus Wällen und Gräben um den monumentalen Bogen herum errichtet, diese sind heute noch gut sichtbar. Das Gelände um den Bogen wurde dadurch zu einer militärischen Zone, Häuser und Straßen mussten dafür abgerissen werden. Der Bogen selbst wurde wahrscheinlich als Wachturm umfunktioniert. Um das Jahr 273 riss man ihn schließlich ab und begann mit dem Bau massiver Verteidigungsmauern, die heute noch das Kastell umschließen (Abb. 15). Steine und Marmor des zerstörten Bogens, der etwa 200 Jahre lang das symbolische Tor nach Britannien war, wurden als Baumaterial für die Mauern des neuen Kastells verwendet. An einigen Stellen sind Bruchstücke der Marmorverkleidung immer noch in den Mauern sichtbar.

Noch eine berühmte Landung soll es in Richborough gegeben haben: Die Reste der Chapel of St Augustine innerhalb des Kastells (10.–12. Jh.) erzählen die Geschichte des römischen Geistlichen Augustinus, der von Papst Gregor dem Großen außerwählt worden war, um das pagane Britannien zu missionieren. 597 soll er der Legende nach in Richborough angekommen sein. Offenbar war er mit seiner Mission erfolgreich, denn ausgehend von seinem Besuch konvertierten immer mehr einheimische Könige zum Christentum.

Die prähistorischen Monumente bei Little Rollright waren der Legende nach einst Menschen: Als ein König mit seiner Armee hier durchmarschierte, versprach ihm eine Hexe, dass er König von England werde, wenn er nach sieben Schritten den Ort Long Compton sehe. Beim siebten Schritt versperrte eine Anhöhe ihm den Blick. Daraufhin verwandelte die Hexe den König in den „King Stone", seine Ritter in die „Whispering Knights" und seine Armee in die „King's Men".

09 ROLLRIGHT STONES – FRIEDHOF DURCH DIE JAHRTAUSENDE

South East England

Oxfordshire

Die Rollright Stones bezeichnen drei megalithische Monumente am Rande der Cotswood Hills. Diese befinden sich jeweils nur wenige hundert Meter voneinander entfernt und bestehen aus demselben lokalen Kalkstein. Dennoch liegen ihre Entstehungszeiten jeweils ca. 1.000 Jahre auseinander, zwischen ca. 3800 und 1500 v. Chr. Dieser Ort hatte somit über mehrere Jahrtausende eine besondere Bedeutung für die Menschen – wahrscheinlich als Friedhof, denn sowohl das älteste als auch das jüngste Monument stehen mit Grabanlagen in Verbindung.

Betritt man das Gelände der Rollright Stones südlich der Landstraße bei Little Rollright, stößt man zunächst auf den Steinkreis King's Men. Der Altertumsforscher William Stukeley (1687–1765) beschrieb die Steine als „corroded like worm eaten wood, by the harsh jaws of time" – wie von Würmern zerfressen von den harten Kiefern der Zeit. Der aus unbearbeiteten Kalksteinbrocken bestehende Steinkreis wird auf etwa 2500 v. Chr. datiert, also in die Zeit, als auch die Steine von Stonehenge aufgestellt wurden. Im Gegensatz zu Stonehenge aber, dessen Sarsenblöcke aus 30 km Entfernung herangeschafft wurden, stammen diese Steine aus der unmittelbaren Umgebung, höchstens 500 m weit weg. Heute stehen noch 77 Steine, wie viele es ursprünglich waren, weiß man nicht genau. Es wird aber davon ausgegangen, dass es ursprünglich mehr als 100 Steine waren, die einander berührten. Noch heute sind die beiden Steine direkt außerhalb des Kreises auf der Talseite zu erkennen, die einmal das Eingangsportal zum Kreis bildeten. Genau gegenüber von diesem Portal befand sich der größte Stein im Kreis. Eine ähnliche Bauweise weisen Steinkreise im Lake District auf, so auch der Steinkreis Castlerigg (s. Nr. 37). Wozu der Steinkreis errichtet und genutzt wurde, wissen wir nicht, aber möglicherweise war es ein ritueller Platz in Verbindung mit den Toten, wie es beispielsweise auch bei Stonehenge vermutet wird. Dafür würde sprechen, dass dieser Ort schon viel früher als eine Art Friedhof diente (s. u.).

Vom Steinkreis führt ein Weg zu dem etwa 400 m entfernten Dolmengrab Whispering Knights. Trotz der Nähe zum Steinkreis und der Ähnlichkeit des

Literatur

Timothy Darvill: Prehistoric Britain. Abington/New York 2010, 103–106.

Gesteins haben beide Monumente nichts miteinander gemeinsam. Denn das Grab wurde bereits in der frühen Jungsteinzeit um 3800 v. Chr., also mehr als 1.000 Jahre vor den King's Men, errichtet. Die Whispering Knights sind ein sog. Portal-Dolmen-Grab. Das Portal wurde mindestens aus den drei großen aufrecht stehenden Steinen auf der Talseite gebildet. Mit dem Deckstein, der heute heruntergefallen ist, muss das Monument auch von Weitem sehr eindrucksvoll ausgesehen haben. Die Whispering Knights wurden auch von folgenden Generationen über mehrere tausend Jahre als Grabstätte benutzt. Neben stein- und frühbronzezeitlichen Keramikfunden fand man auch einen Menschenknochen, der auf die Zeit um 1700 v. Chr. datiert wurde.

Der King Stone im Feld auf der anderen Seite der Landstraße ist das jüngste der drei Monumente. Dieser Menhir oder Standing Stone, wie es im Englischen heißt, wurde in der mittleren Bronzezeit errichtet, um 1500 v. Chr. Er steht auf der Kuppe des Hügels, wo sich außerdem mehrere bronzezeitliche Gräber befinden. Man vermutet deshalb, dass er als eine Art Grabdenkmal errichtet wurde. Die Form des Menhirs erinnert an eine Robbe, die einen Ball auf ihrer Nase balanciert. Das ist allerdings nicht die ursprüngliche Form, sondern Folge von Vandalismus vor allem im 19. Jh.

Wo heute Rinder und Lamas grasen, wohnten zu römischer Zeit die Erben des gallischen Kriegers Commius, der einst für Caesar kämpfte, sich dann gegen ihn wandte und schließlich in Südbritannien ein eigenes Königreich gründete.

10 SILCHESTER – HAUPTSTADT DER ATREBATEN

South East England

Hampshire

Etwa einen Kilometer östlich der kleinen Ortschaft Silchester weiden Rinder auf einem weitläufigen, fast runden, flachen Gelände. Wenige Spuren zeugen heute noch von der eisenzeitlichen Siedlung und der späteren römisch-britischen Stadt, die sich auf diesem Gelände einst befand. Seit den 1890er-Jahren haben hier allerdings immer wieder Ausgrabungen stattgefunden und man weiß heute fast alles über die Stadt, weil sie nach der römischen Besiedlung nie wieder überbaut wurde. Vor der römischen Invasion lebte hier der Stamm der Atrebaten auf einer Besiedlungsfläche von ca. 32 ha. Reste der Wallanlage, die die eisenzeitliche Siedlung umgab, sind besonders gut noch im Südwesten außerhalb der römischen Befestigung zu sehen, zwischen dem West- und Südtor in einem bewaldeten Bereich.

Geschichte

Die Atrebaten waren ursprünglich ein Stamm oder ein Clan aus Gallien, im heutigen Nordfrankreich. Sie kämpften im Gallischen Krieg gegen Caesar, bis dieser einen der Ihren zum König ernannte, Commius. Dieser arbeitete mit Caesar zusammen und wurde u. a. von ihm als Botschafter nach Britannien geschickt, um die ansässigen Stämme positiv in Bezug auf die drohende Ankunft der Römer zu stimmen. Im Jahr 52/51 v. Chr. wandte Commius sich dann aber gegen Caesar. Dieser Widerstand endete mit Commius' Kapitulation. Anschließend reiste er mit seinen Anhängern (oder seiner Familie) nach Südengland, die Umstände sind nicht ganz klar. Womöglich wurde er von Caesar verfolgt oder erfüllte seine eigene Kapitulationsbedingung, nämlich dass er „nie wieder einen Römer treffen" müsse (Hirtius, *De Bello Gallico* 8, 48). In Südengland schien er zunehmend an Einfluss zu gewinnen und im Jahr 30 v. Chr. hatte er sein eigenes Königreich im Gebiet des heutigen Hampshire, West Sussex und Berkshire gegründet, dessen Hauptstadt Calleva Atrebatum wurde. Dies geht vor allem aus Münzen aus den Jahren 30 bis 20 v. Chr. hervor, die hier gefunden wurden und die Namen Commius und Calleva enthalten. Die Herrschaft über die Atrebaten in Britannien ging nach Commius' Tod an dessen Söhne über. Im Jahr 25 n. Chr. wurden Calleva und das Reich

Literatur

Kai Brodersen: Das Römische Britannien. Spuren seiner Geschichte. Darmstadt 1998, 25f.

Michael Fulford: Silchester Roman Town. London 2017 (English Heritage Guidebooks).

der Atrebaten dann von einem feindlichen Stamm, den Catuvellaunen, eingenommen. In diesem Zuge floh der atrebatische König Verica, einer von Commius Söhnen, nach Rom und bat um Hilfe. Diese Ereignisse haben u. a. zur Invasion der Römer in Britannien im Jahr 43 n. Chr. geführt. Calleva war dann einer der ersten Orte in Britannien, die von der römischen Armee besetzt wurden. Davon zeugen zahlreiche Funde von Militärausrüstung. Wahrscheinlich war die *Legio II Augusta* hier für einige Jahre stationiert, bevor sie weiter nach Westen zog. Calleva gehörte dann einige Jahre später zum Reich des Vasallenkönigs Togidubnus, der seinen Palast möglicherweise im sog. Fishbourne Roman Palace in der Nähe von Chichester (s. Nr. 4) hatte.

Nachdem das Militär aus Calleva abgezogen war, wurde die Stadt mit neuen Straßen und öffentlichen Gebäuden versehen, u. a. einem Forum, einem Badehaus und einem Amphitheater. Dass dabei staatliche Hilfe im Spiel war, geht aus Keramikplättchen hervor, in die der Name von Kaiser Nero (reg. 54–68 n. Chr.) eingeprägt war.

Zuerst bestanden die Gebäude vornehmlich aus Holz, später, im Laufe des 2. Jhs., wurden sie nach und nach durch Steingebäude ersetzt. Erst um das Jahr 280 wurde die heute noch sichtbare Stadtmauer errichtet, vorher bestand sie nur aus einem Erdwall. Auch das Amphitheater war vorher nur eine Holzkonstruktion auf einem Rund aus ausgeschütteter Erde und wurde nun in Stein gefasst. Calleva war stets auch ein industrielles Zentrum, es gibt archäologische Belege für Metall- und Keramikverarbeitung, zahlreiche Öfen zeugen von einem regen Bäckereibetrieb.

Rundgang

Die Reste dieser blühenden Stadt sind heute unter Viehweiden begraben. Mehrere Erkundungsrouten führen durch und um das ehemalige Stadtgebiet herum, anschauliche Informationstafeln lassen die verschwundene Stadt wieder aufleben. Durchquert man das Gelände auf dem mittleren Weg, der quer durch Calleva nach Osten führt, passiert man eine kleine Ansammlung an Häusern mit der Kirche St Mary the Virgin. Dort verlässt man das ehemalige Stadtgebiet. Geht man nun nach Süden weiter, wird man durch einen unerwarteten Anblick in Staunen versetzt: Hier ist über eine Strecke von mehreren hundert Metern die südliche Stadtmauer von Calleva erhalten (Abb. 16). Sie ist an manchen Stellen bis zu 4 m hoch, ursprünglich waren es vermutlich fast 8 m. Auch das südliche Eingangstor zur Stadt ist noch hervorragend zu erkennen. Durchquert man es von außen nach innen, stellt man fest, dass ein Erdwall von innen an die Mauer heranreicht. Dieser diente zur Stabilisation und als Aufgang, um von oben Ausschau zu halten oder die Mauern zu verteidigen. Vor dem südwestlichen Mauerabschnitt ist außerdem noch ein Rest des römischen Verteidigungsgrabens auf der Wiese auszumachen, der ca. 4 m tief ist.

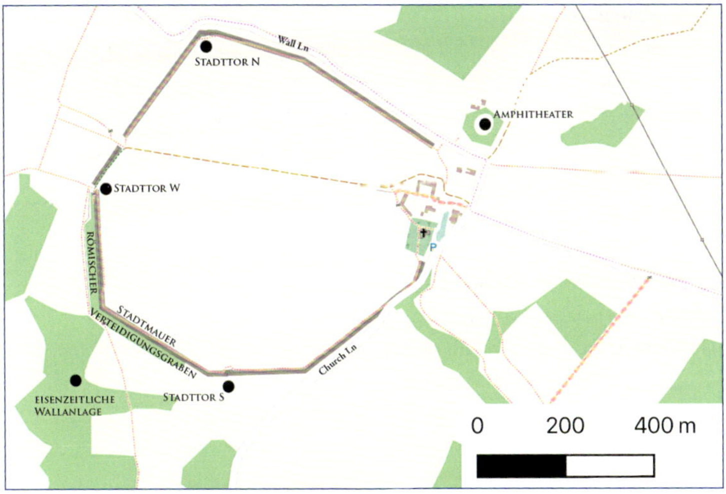

Karte 2: Silchester Roman Town, Übersichtskarte.

Abb. 16 : Silchester Roman Town, südöstliche Stadtmauer an der Church Lane.

Dieser südliche Abschnitt ist der am besten erhaltene Teil der insg. 2,4 km langen Mauer. Aber auch an anderen Stellen, zum Beispiel im Nordosten, kann man noch viel erkennen. Beim Rundgang um die Mauer stellt man fest, dass Calleva nicht wie viele Städte nach römischem Bauplan rechteckig, sondern achteckig angelegt war und sieben Tore hatte. Ob diese alle gleichzeitig genutzt wurden, weiß man allerdings nicht.

Ebenfalls noch gut zu erkennen ist heute das Amphitheater im Osten der Stadt. Es befindet sich ca. 250 m nördlich der Kirche in einem bewaldeten Stück gegenüber von einem Gehöft an der Wall Lane.

Eine Ausstellung über das römische Silchester ist im nahegelegenen Reading Museum zu besichtigen.

Reading Museum
Blagrave St,
Reading RG1 1QH
https://www.reading-museum.org.uk/

Im 400-Seelendorf Avebury kann man draußen vor dem Pub sitzen und bei einem Pint den größten Steinkreis Englands bewundern. Auch eine kleine Wanderung zum größten prähistorischen Hügelmonument Europas oder dem längsten Grabhügel Englands bietet sich an.

11 AVEBURY – TREFFEN DER PRÄHISTORISCHEN GIGANTEN

South West England

Wiltshire

Avebury Henge und Steinkreis

Das Dorf Avebury liegt ruhig in der Landschaft der Grafschaft Wiltshire und unterscheidet sich in seiner herrlichen Kulisse alter Landhäuser kaum von anderen pittoresken Dörfern im Süden Englands. Durchquert man den kleinen Ort mit dem Auto, fallen allerdings sogleich die Menschen auf, die auf Koppeln zwischen riesigen unförmigen Felsblöcken umherspazieren. Denn Avebury ist zur Hälfte auf dem größten Steinkreis der britischen Inseln erbaut. Die Stätte hat einen Durchmesser von 340 m und wird von einem bis zu 20 m breiten und bis zu 4 m tiefen Graben umgeben. Der größte Teil der Anlage ist begehbar, die Dorfbewohner haben sich an die Touristen gewöhnt und eine Infrastruktur für Fußgänger sowie einen hübschen kleinen Besucherbereich in der Nähe der Kirche geschaffen. Der Parkplatz liegt etwas außerhalb des Ortes.

Avebury ist ein sog. Henge, ein Monument bestehend aus einem Wall und einem Graben. Das Erdwerk wurde wahrscheinlich etwa um 2600 v. Chr erbaut, also mehrere hundert Jahre bevor die ersten Steine errichtet wurden. Zu diesem Zeitpunkt bestand das Erdwerk von Stonehenge schon etwa 300 bis 400 Jahre. Mit dem Avebury Henge wurde dann ein weitaus mächtigerer Henge errichtet. Abgesehen vom Durchmesser des Monuments waren auch Graben- und Wallanlage viel imposanter als in Stonehenge. Archäologische Grabungen haben ergeben, dass der Graben ursprünglich mehr als 9 m tief war, der Wall hingegen mehr 4 m hoch. Der Graben ist wohl auch schmaler und nicht so v-förmig gewesen, wie er heute erscheint.

Wozu der Avebury Henge gebaut wurde, ist ebenso unklar wie bei Stonehenge oder ähnlichen Bauwerken. Die imposante Einfriedung regt jedoch die Fantasie an: Stellten ein so tiefer Graben und ein so hoher Wall eine Art Grenze dar, die man nicht übertreten durfte? Diente diese Grenze dazu, den inneren Bereich von der Außenwelt abzutrennen? Vielleicht durften sich nur Priester darin bewegen oder überirdische Kräfte? Oder könnte der hohe Wall als Sichtplattform gedient haben, um zu sehen, was drinnen stattfindet, ähnlich wie in einem römischen Amphitheater?

Die Aufstellung der Steine gibt ebenso Rätsel auf. Innerhalb des äußeren Kreises, der ursprünglich aus 100 Steinen bestand, gab es zwei kleinere Kreise, einen im Norden und einen im Süden. Nur wenige dieser Steine stehen noch, und viele davon waren im Laufe der Zeit umgekippt, bis der Archäologe Alexander Keiller bei seinen Ausgrabungen in den 1930er-Jahren die meisten wieder aufrichtete. Besonders beeindruckend sind zwei Steine im nordöstlichen Quadranten des Henges, The Cove genannt. Sie bildeten früher das Zentrum des nördlichen inneren Steinkreises. Der niedrigere, breitere dieser beiden Steine ist an der längsten Stelle etwa 7 m lang und wiegt um die 100 Tonnen. Möglicherweise war er der erste Stein, der in Avebury errichtet wurde, denn er wird auf mehrere Jahrhunderte älter geschätzt als die anderen Steine.

West Kennet Avenue und Doppelsteinkreis The Sanctuary

Neben dem Henge gibt es in unmittelbarer Nähe von Avebury noch weitere beeindruckende prähistorische Monumente, die man zu Fuß erreichen kann, wenn man etwas Zeit einplant.

Im Westen und Süden gehen vom Henge zwei sog. Avenues ab, von Steinen flankierte Straßen. Die südliche trägt den Namen West Kennet Avenue und

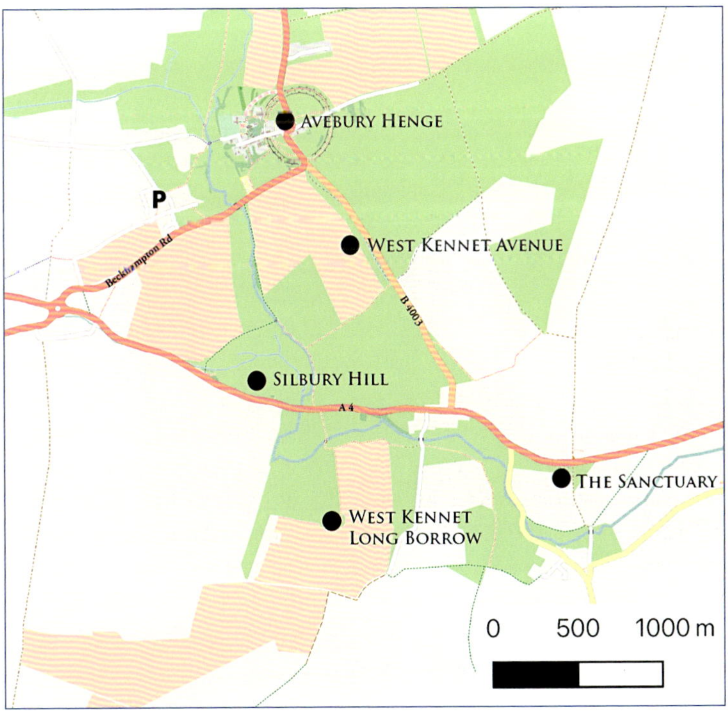

Karte 3: Übersichtsplan Avebury und Umgebung.

verläuft parallel zur Landstraße B4003. Im nördlichen Drittel ist sie noch gut sichtbar. Sie verband den Avebury Henge mit einem kleineren Doppelsteinkreis, heute The Sanctuary genannt. Die Löcher, in denen einst die Steine standen, sind mit Betonpfeilern markiert.

Abb. 17 links: Blick auf den Silbury Hill bei Avebury.

West Kennet Long Barrow

Etwas westlich vom Sanctuary und ziemlich genau im Süden vom Avebury Henge befindet sich der sog. West Kennet Long Barrow, einer der längsten prähistorischen Grabhügel in Großbritannien. Er ist einer von 14 Langgräbern in einem 3-km-Radius um Avebury. Diese Gräber wurden in der frühen Jungsteinzeit errichtet (ca. 3700 v. Chr.) und sind damit viel älter als der Avebury Henge. Das zeigt, dass diese Gegend schon vor der Erbauung des Steinkreises eine besondere Bedeutung für die Menschen gehabt haben muss. Der Grabhügel kann heute von innen besichtigt werden. Er enthält einen langen Korridor, von dem fünf Grabkammern abgehen. Die Menschen hier wurden offenbar nicht verbrannt, wie etwa aus den Aubrey-Löchern in Stonehenge hervorgeht. Die gefundenen Knochen deuten aber darauf hin, dass die Skelette später umsortiert wurden, vielleicht als Teil einer religiösen Zeremonie. Auch zeigte die Untersuchung der Knochen, dass Menschen noch mehrere Jahrhunderte nach Errichtung des Grabhügels hier bestattet wurden.

Silbury Hill

Zwischen dem West Kennet Long Barrow und Avebury, von allen Richtungen her weithin sichtbar, befindet sich ein weiterer Superlativ dieser prähistorischen Landschaft. Silbury Hill (Abb. 17) ist 37 m hoch und sieht von Weitem aus wie eine industrielle Abraumhalde, irgendwie zu groß und künstlich, um sich in die Landschaft einzufügen. Es handelt sich um das größte prähistorische Hügelmonument in Europa. Ein noch größeres Bauunternehmen als der 2,5 km entfernte Avebury Henge. Mit dem Bau wurde wahrscheinlich etwa 200 Jahre später begonnen, also um 2400 v. Chr. Bis der Hügel das heutige Ausmaß erreichte, dauert es wohl mindestens 100 Jahre, vielleicht sogar mehrere Jahrhunderte. Der Zweck von Sillbury Hill bleibt bis heute ungeklärt. Es hat mehrere Ausgrabungen im Innern gegeben, aber nichts wurde jemals gefunden. Ein weiteres Rätsel des prähistorischen Englands.

Literatur

The National Trust (Hrsg.): Avebury. Monuments and Landscape. o. O. 2015.

Die herrlichen alten Gebäude aus hellem Kalkstein und der Kennet-und-Avon-Kanal, auf dem man sich mit seinem Hausboot durch die Schleusen arbeiten kann, lassen Bath wie eine südfranzösische Stadt wirken. Ein Höhepunkt des Besuches ist die beeindruckende römische Bade- und Tempelanlage, die zum UNESCO Weltkulturerbe gehört.

12 BATH – DIE HEILENDE QUELLE DER SULIS MINERVA

South West England

Somerset

The Roman Baths
Abbey Church Yard,
Bath BA1 1LZ
https://www.romanbaths.co.uk/

Viele der römischen Orte in England sind heute nicht mehr sichtbar. Badeanlagen allerdings gehören zu den Gebäuden, deren Grundmauern am häufigsten erhalten geblieben sind. Die Thermenanlage von Bath hebt sich von all diesen Bädern ab. Sie wird nicht nur von der einzigen Thermalquelle in England seit 2.000 Jahren mit warmem Wasser gespeist, sondern enthält auch eine Tempelanlage und sensationelle Fundstücke. Der gesamte Komplex ist in einem so guten Zustand, dass man sich am liebsten ausziehen, sich ein Handtuch um die Hüfte schwingen und über die gewaltigen Steinplatten zum nächsten Badegang schlendern möchte.

Bevor die Römer in dieses Gebiet kamen, lebte hier der Stamm der Dobunner. Die heiße Quelle war für sie ein heiliger Ort, an dem die Druiden mit der Heilgöttin Sulis kommunizieren konnten. Während der ersten Jahre der römischen Eroberung scheint die Stätte unberührt geblieben zu sein, obwohl die römische Armee sich in dieser Gegend aufhielt. In den Jahren 60/61 n. Chr. wurden große Teile der neuen Provinz im Zuge der Boudica-Rebellion zerstört. Nach der Zerschlagung dieser Revolte, die tausende Opfer auf beiden Seiten gefordert hatte, bemühte man sich, weitere Gewaltausbrüche zu vermeiden und guten Willen zu zeigen, um die Provinz wieder aufzubauen. In diesem Zuge wurde auch mit der Errichtung der Tempel- und Badeanlage in Bath begonnen, die bis zum Jahr 75 n. Chr. dauerte.

Man stabilisierte die feuchte Umgebung der Quelle mit Eichenplanken und fasste die Quelle in ein Becken ein, das man innen mit Blei auskleidete, damit kein Wasser austrat. Das Wasser fließt heute immer noch mit einer Temperatur von 46° C durch den in römischer Zeit angelegten Kanal mit der bogenförmigen Decke in das Auffangbecken. Die erste Badeanlage war zwar bereits ein ziemlich großer Gebäudekomplex, aber in ihrer Anlage doch simpel. Sie bestand aus drei Teilen: einer Eingangshalle, an deren Nordseite die heiße Quelle integriert war, einem Dampfbadbereich im Westen und drei hintereinanderliegenden Thermalbecken im Osten. Das erste dieser Becken ist das größte und bildet das Herz der Anlage (Abb. 18 und 19). Es ist 1,5 m tief und am Boden heute immer noch mit den originalen Bleiplatten ausgekleidet. Der Zufluss von der Quelle befindet sich im Nordwesten, von dort fließt auch

heute noch Quellwasser in das Becken. Im Nordosten wird das überfließende Wasser durch eine Schleuse in den Abfluss geleitet. Die anderen Becken wurden durch ein System von Bleirohren und Kanälen mit Wasser versorgt. Eines dieser Bleirohre verläuft durch den Umgang des großen Beckens in einem Schacht, heute *in situ* zu besichtigen. Bis ins 4. Jh. wurde die Thermenanlage immer wieder um- und vor allem ausgebaut. Im Osten und Westen entstanden zahlreiche zusätzliche Bade- und Schwitzräume. Die Eingangshalle wurde im 2. Jh. in mehrere Räume unterteilt, zentral war in diesem Bereich von nun an das große runde *frigidarium*, das sich heute in der Nähe des Eingangs befindet.

Abb. 18: Bath, das große Becken der römischen Thermen.

Baden war sehr wichtig in der römischen Kultur – einerseits der Hygiene wegen, andererseits weil die Thermen ein wichtiger Ort sozialer Kommunikation waren. Hier traf man sich mit Freunden oder Geschäftspartnern und verbrachte mehrere Stunden. Der Aufbau einer römischen Therme ist vom Grundschema her immer gleich und ähnelt einem türkischen Hammam: Man entkleidete sich im *apodyterium* und arbeitete sich dann vom heißesten in das kälteste Bad vor: das *caldarium* hatte eine Temperatur von ca. 50° C. Hier konnte man auf Bänken oder in Heißwasserbecken schwitzen. Damit das verdunstete Wasser nicht ständig von der Decke tropfte, wurden die Decken als Gewölbe angelegt, sodass das Wasser an den Wänden herablaufen konnte. Anschließend begab man sich in einen gemäßigt warmen Schwitzraum, das *tepidarium*. Dort konnte man Anwendungen wie Massagen oder Haarentfer-

nungen bekommen. Mit einem besonderen Werkzeug, dem *strigilis*, streifte man das einmassierte Öl vom Körper und entfernte dabei Schmutz und Haare. Die Thermen in Bath besaßen als großes Bad außerdem ein *laconicum*, einen saunagleichen Raum, in dem die Temperaturen noch heißer waren als im *caldarium*. Beheizt wurden die Thermen mit heißer Luft, die in unterirdischen Heizräumen zirkulierte und über quadratische Türmchen aus Ziegeln nach oben geleitet wurde, um den Boden der darüberliegenden Räume zu beheizen. Diese antike Warmluftheizung wird *hypocaustum* genannt und ist besonders gut im östlichen Badekomplex sichtbar. Auch die Wände der Bäder waren beheizt: Die warme Luft strömte durch Kanäle aus Ziegeln unter dem Putz die Wände hinauf.

Im Nordwesten schloss sich an die Badeanlage die Tempelanlage der Sulis Minerva an. Das verbindende Glied ist die heiße Quelle, die sich in die Badeanlage ergießt, aber gleichzeitig Teil des *temenos* ist. Im 2. Jh. war die Quelle nicht mehr Teil der Eingangshalle des Bades, sondern wurde innerhalb des *temenos* von einer Mauer umfasst und war von Seiten des Bades nur durch einen schmalen Gang zugänglich.

In den römischen Provinzen ist es typisch, dass einheimische Gottheiten mit römischen identifiziert werden und die ursprünglich einheimischen Gottheiten dann Doppelnamen tragen. Die Gottheit Sulis wurde offenbar von den Römern mit ihrer Göttin Minerva identifiziert, die ebenso heilende Kräfte hatte. Teile einer Säule sowie der zerbrochene Giebel des Tempels sind im Museum ausgestellt. Ebenfalls ausgestellt ist ein großer weiblicher Bronzekopf, der als Teil der Kultstatue der Sulis Minerva gedeutet wird, die in der *cella* des Tempels aufgestellt war. Die heilige Bedeutung der Quelle zeigt sich neben der Tempelanlage auch in zahlreichen Münzen, Schmuckstücken und anderen Gegenständen, die in die Quelle geworfen wurden.

Um die Bade- und Tempelanlage entstand ab dem 1. Jh. n. Chr. eine römisch-britische Siedlung, die als Aquae Sulis (Wasser der Sulis) oder Aquae Calidae (Heiße Wasser) überliefert ist. Es handelte sich wahrscheinlich in erster Linie um einen Pilgerort. Inschriften auf Altären und anderen Gegenständen, die im Museum ausgestellt sind, zeugen vom Besuch zahlreicher Menschen, die von weither gereist sind, um sich von Minerva Sulis und dem Quellwasser heilen zu lassen. Seit der römischen Zeit wurde das Wasser der Sulis Minerva zu Heilzwecken sowohl getrunken als auch zum Baden benutzt. Heute kann man gereinigtes Quellwasser am Ausgang des Museums trinken und im benachbarten Thermae Bath Spa am eigenen Leib spüren.

Abb. 19 links: Bath, das große Becken der römischen Thermen.

Literatur

The Roman Baths (Hrsg.): The essential Roman baths. London 2016.

Seit der mittleren Eisenzeit war dieses 30-Seelen-Nest über 800 Jahre lang bewohnt und kein Römer schien je den Fuß über die Schwelle zu setzen.

13 CARN EUNY – VERSTECKTES HOBBITDORF AUS DER EISENZEIT

South West England

Cornwall

Zentral gelegen auf der Halbinsel Penwith, dem westlichsten Zipfel Cornwalls, befindet sich das prähistorische Dorf Carn Euny. Heute liegt es mitten zwischen landwirtschaftlichen Gehöften abseits der Touristenwege. Von der Hauptstraße A30 ist es aber gut ausgeschildert. Hat man den kleinen Parkplatz am Gehöft Brane Moor erreicht, befindet man sich in einer Oase aus subtropischer Vegetation. Von hier aus gibt es zwei markierte Routen, auf denen man das Dorf in wenigen Minuten zu Fuß erreichen kann. Die rechte ist besonders urig, sie führt an liebevoll gestalteten Künstlerateliers und knorrigen alten Bäumen vorbei.

Carn Euny besteht aus mehreren miteinander verbundenen Rundhäusern und einem unterirdischen Tunnelsystem, einem sog. Fogou. Die ältesten Strukturen, die hier gefunden wurden, sind aus Holz und gehen auf die mittlere Eisenzeit (ca. 500–300 v. Chr.) zurück. Die später erbauten Steinhäuser, deren Reste heute sichtbar sind, werden auf die römische Zeit, also nach

Abb. 20: Cornwall, südwestlicher Zipfel der Halbinsel Penwith.

43 n. Chr., datiert. Besiedlungsspuren gibt es in Carn Euny bis ins 4. Jh. Das heißt also, dass dieses kleine Dorf, das sicher nicht mehr als 30 Einwohner zählte, mindestens 800 Jahre lang bewohnt war. Wahrscheinlich handelte es sich um einen einzigen Clan, der über viele Generationen hier lebte und das Dorf immer wieder umgestaltete. Von der römischen Besatzung scheint Carn Euny nicht viel mitbekommen zu haben. Die runden Grundrisse und geschwungenen Formen haben etwas Organisches an sich und erinnern an Tolkiens Hobbitwohnhöhlen – ein krasser Gegensatz zu Siedlungen, welche die klar strukturierte, auf Quadraten und Rechtecken basierte Bauweise der Römer übernommen haben. Cornwall scheint bei den Römern nicht besonders beliebt gewesen zu sein, es gibt keine großen römischen Straßen und es sind bisher nur eine römische Villa und drei Militärlager bekannt.
Solche Dörfer gibt es ausschließlich im Westen von Cornwall und auf den vorgelagerten Isles of Scilly (s. Nr. 19). Den Kern von Carn Euny bilden drei große Häuser mit Innenhöfen, deren Außenwände einander berühren. Da ein Großteil der Bausubstanz über die Jahrhunderte als Steinbruch genutzt wurde, ist leider viel von den ursprünglichen Strukturen verloren. Am besten erhalten ist Haus 1 im Norden des Dorfes. Es hat einen langen mit Steinplatten gepflasterten Eingangsbereich, einen großen Innenhof und zwei separate Räume. Diese dienten vielleicht als Schlafräume oder Ställe. Quer durch den Innenhof verlief außerdem eine Abflussrinne. Im Südosten hat das Haus einen Eingang zum Fogou.

Der Fogou

Das Wort „Fogou“ ist kornisch und bedeutet „Höhle“. Es handelt sich dabei um unterirdische gemauerte Tunnels, die in der mittleren Eisenzeit (etwa 500–200 v. Chr.) gebaut wurden – zu welchem Zweck, ist nicht ganz klar. Als Möglichkeiten wurden in der Archäologie Vorratsräume, Rückzugsorte bzw. Verstecke bei Gefahr und sakrale Bereiche diskutiert. Die teilweise sehr schmalen und niedrigen Gänge würden allerdings das Transportieren von Waren oder einen raschen Fluchtweg erschweren. Deshalb geht man heute eher davon aus, dass sie einen religiösen Zweck gehabt haben.
Der Fogou in Carn Euny hat einen unterirdischen Hauptgang und mehrere schmale Nebengänge, außerdem geht vom Hauptgang eine runde Steinkammer mit einem Durchmesser von 4,6 m ab. Sie existierte noch früher als das Tunnelsystem, dessen Bau man auf die Zeit zwischen 300 v. und 43 n. Chr. schätzt. Wozu diese Kammer diente, ist ebenfalls ungewiss. Der Fogou hat einen zweiten Eingang im Westen direkt vor der Ruine eines Wohnhauses, das im 18. Jh. auf das antike Dorf gebaut wurde.

Literatur

Susan Greaney: Chysauster and Carn Euny ancient villages. London 2017 (English Heritage Guidebooks), 14–35.

Diese Villa liegt versteckt an einem Hang am Waldrand und überblickt den Fluss Coln und die bewaldeten Hügel der Cotswold Hills. Das Gelände wird dominiert von einem viktorianischen Jagdhaus und im Frühling durchstreifen Fasane unerschrocken das Gelände.

14 CHEDWORTH ROMAN VILLA – RÖMISCHER LANDSITZ MIT ROMANTISCHEM FLAIR

South West England

Gloucestershire

Chedworth Roman Villa
Cheltenham GL54 3LJ
https://www.nationaltrust.org.uk/chedworth-roman-villa

Die Chedworth Roman Villa ist eine von 50 römisch-britischen Villen, die in den Cotswold Hills bisher gefunden wurden. Ihre Lage, ihr Bauplan und ihre Entwicklung entsprechen vielen anderen Villen in England: Sie wurde an einem seichten Hang errichtet und weist mindestens drei Bauphasen auf, in denen sie jeweils erweitert und verschönert wurde. Anlass für die Bebauung gerade dieses Hanges war neben der schönen Aussicht und fruchtbaren Umgebung sicherlich die Quelle, die in der nordwestlichen Ecke des Geländes ans Tageslicht tritt. Für Trink- und Badewasser war somit gesorgt. Das erste Landgut wurde allerdings erst in der zweiten Hälfte des 2. Jhs. errichtet. Er bestand aus drei separaten Gebäuden und einem Badehaus, die um eine rechteckige Fläche angeordnet waren. Anfang des 3. Jhs. wurden diese Gebäude erweitert und miteinander verbunden, sodass sie U-förmig um einen Innenhof gruppiert waren. Spätestens jetzt wurde der Hang eingeebnet und es wurde eine Galerie errichtet, die den Nord- und Südflügel miteinander verband und gleichsam den oberen westlichen Innenhof von einem niedriger gelegenen östlichen Hof trennte. Diese Aufteilung ist typisch für eine *villa rustica*, ein römisches Landgut mit landwirtschaftlicher Ausrichtung. Der obere Innenhof (*pars domestica*) schließt sich direkt an die Wohnbereiche der Familie an und ist dieser vorbehalten. Die Bedienstetentrakte befinden sich im unteren Teil, der *pars rustica*. Außerdem werden diese meist flächenmäßig größeren Einfriedungen für den Anbau von Getreide und Gemüse oder für die Haltung von Tieren genutzt.

Abb. 21: Fasan bei Gloucestershire.

Um das Jahr 380, nur 30 Jahre bevor die römische Armee Britannien verließ, wurde dieser bereits sehr großzügige Gebäudekomplex noch weiter ausgebaut und vor allem nach Osten hin verlängert. Auch der Westflügel erhielt nun einen Badetrakt. Im Nord- und Westflügel befanden sich zahlreiche Räume mit wunderschönen Mosaiken, die Räume im Nordflügel waren vielleicht Gästewohnungen. Der Südflügel hingegen ist nicht so aufwendig ausgestaltet, was darauf hindeutet, dass dies der Bedienstetentrakt war.
Die Konservation der heute sichtbaren Reste dieser luxuriösen Villa erfolgte bereits in den 1860er-Jahren. Das Grundstück gehörte damals einem gewissen Lord Eldon, der sich sehr für die Ausgrabung und anschließende Kon-

servierung der Villa einsetzte. 1866 ließ er inmitten der Ruinen das kleine Jagdhaus errichten (Abb. 22), das heute noch zum Charme dieses Ortes beiträgt. In dieses Haus integrierte er ein kleines Museum, in dem u. a. einige Gegenstände, die während der Ausgrabung gefunden worden waren, ausgestellt waren. Dieser Raum ist auch heute noch zu besichtigen, ein Museum im Museum sozusagen.

Abb. 22: Chedworth Roman Villa, Ausgrabungsgelände und viktorianisches Jagdhaus.

Neu hinzugekommen ist 2012 das hölzerne Schutzgebäude über dem Westflügel. Die zentralen Räume dieses Flügels gehörten wahrscheinlich schon zur ersten Bauphase und wurden später in die Erweiterung integriert. Das Schmuckstück dieses Flügels und sicherlich der gesamten Villa bisher ist das Mosaik in einem großen Zimmer, das man als Speisesaal deutet. Das Mosaik füllt den gesamten Raum aus, ist aber leider an einigen Stellen, wo der Fußboden eingebrochen ist, zerstört. Der südliche Teil des Mosaiks ist älter als der nördliche und war schon Bestandteil dieses Raumes, bevor die finale Bauphase erfolgte. Es enthält an zwei Seiten längliche rechteckige Flächen mit floralen Mustern, dazwischen eine fast quadratische Fläche mit labyrinthartigen geometrischen Formen. Der Mosaikteil im Norden wurde später an dieses Mosaik angesetzt, die Übergänge sind fließend, nur am westlichen Rand erkennt man einen leichten Unterschied im Farbton der *tesserrae*. Das jüngere Mosaik enthält eine achteckige Fläche, auf der u. a. Tänzerinnen zu sehen sind und der Weingott Bacchus, wie er die Prinzessin Ariadne umarmt, die er später heiratete. In den Ecken außerhalb des Achtecks sind die vier Jahreszeiten abgebildet. In der südöstlichen Ecke ist der Winter zu sehen, der einen *birrus Britannicus* trägt, einen Umhang mit Kapuze, wie er typischerweise von den Kelten in römischer Zeit getragen wurde. In einer Hand hält er einen erlegten Hasen, in der anderen einen kahlen Zweig. Die Darstellung der vier Jahreszeiten ist ein sehr beliebtes Motiv auf den Mosaiken römisch-britischer Villen in England. Eine ganz ähnliche, aber weniger heitere Darstellung des Winters gibt es beispielsweise in der Bignor Roman Villa (s. Nr. 1).

Literatur

The National Trust (Hrsg.): Chedworth Roman Villa. o. O. 2017.

Die britischen Kelten lebten nicht wie die Römer in zentral verwalteten Gebieten und Städten, sondern in kleinen (Familien-)Gemeinschaften, die über das Land verstreut waren. Dass die Anordnung und der Aufbau der Häuser solcher Dörfer durchaus einem strukturierten Plan folgen konnten, lässt sich in Chysauster sehr gut nachvollziehen.

15 CHYSAUSTER – SO LEBTEN DIE EINHEIMISCHEN KELTEN

South West England

Cornwall

Ähnlich wie das benachbarte Carn Euny (s. Nr. 13) ist Chysauster ein prähistorisches Dorf, das in lokaler Bauweise errichtet wurde. Die Siedlung liegt an einem Hang, von dem aus man einen herrlichen Blick über den Westen der Halbinsel Penwith hat. Dieser Hang wurde landwirtschaftlich genutzt, lange bevor die heute sichtbaren Steinhäuser im 1. Jh. n. Chr. erbaut wurden. Er ist durchzogen von einem wahrscheinlich eisenzeitlichen System aus terrassenartig angelegten Feldern, deren Begrenzungen zum Teil heute noch verwendet werden. Der Weg vom Parkplatz zum Dorf führt an so einer Hangterrasse entlang.

Der heute sichtbare Kern des Dorfes besteht aus neun Häusern, die in zwei Reihen quer zum Hang angelegt sind. Obwohl Chysauster ganz in der Nähe vom Dorf Carn Euny liegt, unterscheidet sich die Bauweise der Häuser wesentlich: Sie sind freistehend und haben jeweils einen großen Innenhof, von dem aus mehrere klar definierte Räume abgehen. Der Hof war wahrscheinlich nicht überdacht. Hier wurden möglicherweise Tiere gehalten oder es wurde gearbeitet. An vielen Stellen kann man heute noch die Pflasterung der Fußböden erkennen. Die Konstruktion solcher Häuser mit verschiedenen Räumen und mit einem Innenhof ist besonders auf der Halbinsel Penwith und den Isles of Scilly verbreitet. Wie in Carn Euny gibt es auch hier einen unterirdischen Tunnel, einen Fogou. Dieser ist wahrscheinlich älter als die Häuser und liegt am Fuße des Hanges etwas außerhalb. Allerdings wurde er nicht ausgegraben, ebenso wie das ihn umgebende Areal. Möglicherweise gibt es dort noch weitere Wohnhäuser.

Aufbau eines Wohnhauses

Abb. 23 rechts: Cornwall, südliche Küste der Halbinsel Penwith.

Das am besten erhaltene Haus in Chysauster ist Haus 6 oben am Hang. Man erkennt es an der modernen hölzernen Aussichtsplattform, die oberhalb davon errichtet wurde. Die Mauern sind teilweise bis zu 2 m hoch. Man betritt das Haus durch einen Gang, der am Eingang durch zwei behauene Ecksteine flankiert wird. Gegenüber vom Haupteingang befindet sich auf der anderen

Literatur

Susan Greaney: Chysauster and Carn Euny ancient villages. London 2017 (English Heritage Guidebooks), 1–13, 27–35.

Seite des Innenhofes ein großer rundlicher Raum, in dem sich vermutlich die Küche des Hauses befand. Er enthält eine in Stein eingefasste Feuerstelle und an der Nordseite einen kleinen Ofen, der nun nicht mehr sichtbar ist. In diesem Raum wurde auch viel Keramik gefunden und mehrere Asche- und Fußbodenschichten deuten darauf hin, dass hier über lange Zeit gekocht wurde. Durch den schmalen Seiteneingang gelangte man womöglich in eine Art Garten.

Der schmale rechteckige Raum links vom Haupteingang könnte als Regenwasserspeicher oder als Metallverarbeitungswerkstatt gedient haben. Auf Letzteres deutet ein Klumpen Zinn hin, der dort gefunden wurde. Die übrigen Räume könnten Schlafkammern oder Ställe gewesen sein. Im mittleren Raum auf der rechten Seite vom Haupteingang befindet sich eine runde Nische in der Wand. Die geschwärzten Wände und Aschereste, die hier gefunden wurden, deuten darauf hin, dass sich dort ein Ofen befunden hat. An Feuerstellen mangelte es dementsprechend nicht. Man kann sich gut vorstellen, dass in jedem dieser Häuser eine Familie gelebt hat.

Wer wohnte in Chysauster?

Zwar ist Chysauster größer als das nahegelegene Carn Euny, aber mehr als 70 Personen werden auch hier nicht gelebt haben. Über die Einwohner wissen wir nicht viel. Der Boden ist sauer und zerstört Knochen, sodass man weder von Menschen- noch von Tierknochen auf deren Ernährung, Alter oder sonstige Eigenschaften schließen kann. Ziemlich sicher ist allerdings, dass die Menschen hier Landwirtschaft betrieben und von ihren Erzeugnissen lebten. In fast jedem Haus wurden Mahlsteine gefunden. Einige liegen auch heute noch zwischen oder in den Häusern. Sie haben in der Mitte jeweils eine runde Ausbuchtung, in der mit einem runden Mörserstein Getreide zerrieben wurde. Auch die bereits erwähnte Gestaltung der Umgebung legt eine landwirtschaftliche Ausrichtung des Dorfes nahe.

Corinium Dobunnorum war eine der größten Städte im römischen Britannien und berühmt für seine lokale Mosaikkunst. Viele dieser Mosaike sind heute im Corinium Museum zu sehen, das mit einer sehr gelungenen Ausstellung das Leben der römisch-britischen Stadt illustriert.

16 CIRENCESTER – DIESE STADT MACHTE DEM RÖMISCHEN LONDON KONKURRENZ

South East England

Gloucestershire

Geschichte

Kurz nach der Invasion Britanniens errichteten die Römer auf dem Gebiet des Stammes der Dobunner einen Militärstützpunkt. Der Ort war von strategischer Bedeutung, weil sich hier drei wichtige Fernstraßen trafen, die von den Römern ausgebaut wurden – eine davon der sog. Fosse Way, der von Südwesten nach Nordosten über die Hauptachse (*decumanus*) der Stadt verlief. Der Hauptort der Dobunner befand sich beim Eintreffen der Römer ca. 5 km südöstlich auf einem Hill Fort. Offenbar widersetzten sich die Einheimischen den Neuankömmlingen nicht, vielmehr gibt es Anzeichen, dass im Laufe des 1. Jhs. n. Chr. immer mehr Menschen in die Nähe des Militärlagers zogen. Es entstand eine Siedlung, die schnell wuchs. Um 75 n. Chr. wurde das Militärlager aufgegeben, die Siedlung aber blieb und wurde nun offiziell zur neuen Hauptstadt der Dobunner, zu Corinium Dobunnorum. Die Siedlung erhielt

Abb. 24: Cirencester, Reste der römischen Stadtmauer zwischen Grove Lane und Corinium Gate

Karte 4: Übersichtsplan Cirencester.

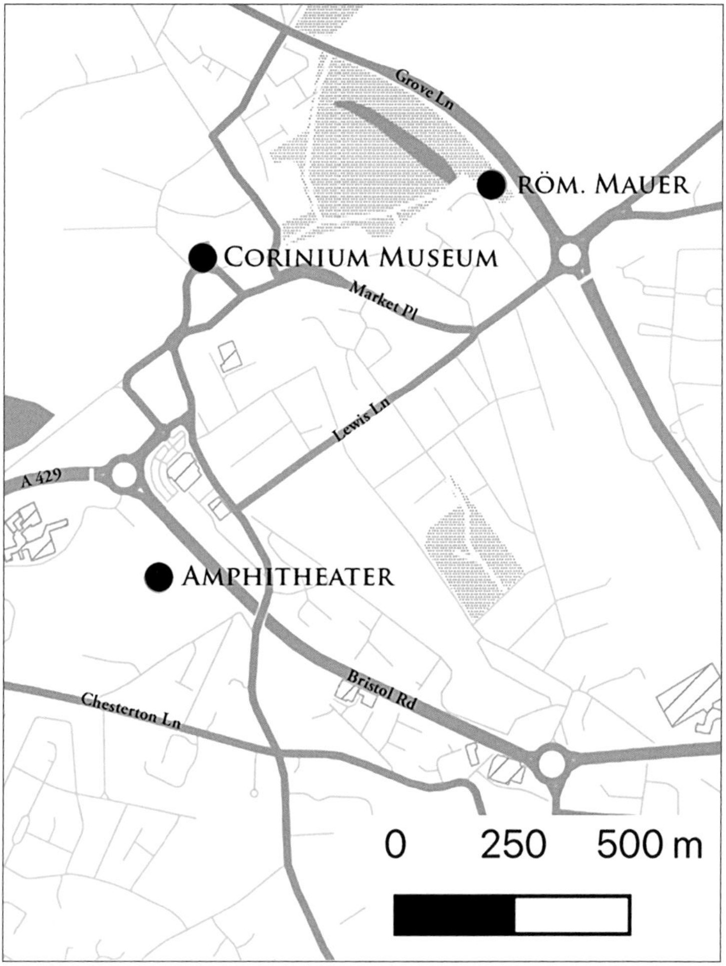

einen typisch römischen, rechtwinklig angelegten Stadtplan und öffentliche Gebäude wie ein Forum, Thermen und ein Amphitheater. Damit hatte sich eine ähnliche Bewegung vollzogen wie im etwa 120 km weiter südlich gelegenen Durnovaria (Dorchester, s. Nr. 18). Im 2. Jh. war die Stadt bereits so gewachsen, dass sie nach Londinium die zweitgrößte Stadt im römischen Britannien war. Im 4. Jh. wurde Britannien in mehrere Unterprovinzen unterteilt und Corinium wurde wahrscheinlich zur Hauptstadt der Provinz Britannia Prima, die das heutige Südwestengland und Wales umfasste. Zahlreiche Umbauten und die Errichtung prächtiger Villen in der Stadt und deren Umland zeugen von einer besonderen Stellung Coriniums zu dieser Zeit. Etwa ab dem Jahr 375 ist eine rückläufige Bewegung zu beobachten: immer weniger Villen waren bewohnt, offenbar nahm die Bevölkerungsanzahl ab, das Amphitheater wurde nun für andere Zwecke genutzt, vielleicht als Marktplatz.

Corinium Museum

Corinium Museum
Park St,
Cirencester GL7 2BX
https://coriniummuseum.org/

Da Corinium in den folgenden Jahrhunderten weiter besiedelt und dementsprechend überbaut wurde, ist heute nicht mehr viel davon zu sehen. Im Corinium Museum sind jedoch zahlreiche Artefakte und besonders die beeindruckenden Mosaike in einer sehr gelungenen Ausstellung für Besucher aufbereitet. Die meisten hier gefundenen Mosaike haben eine ähnliche Machart. Diese unterscheidet sich stark von anderen zeitgenössischen Mosaiken und hat deshalb eine eigene Bezeichnung erhalten: Die „Corinische Schule". Aufgrund der Ähnlichkeit der Mosaike ging man in den 1960er-Jahren davon aus, dass sie vom selben Künstler bzw. in derselben Werkstatt gefertigt wurden. Heute ist diese Bezeichnung überholt, da man nicht weiß, wie genau das Anfertigen von Mosaiken organisiert war. Man teilt die 40 Mosaike, auf die diese Zuschreibung zutrifft, deshalb heute in Gruppen ein. Eine dieser Gruppen ist die sog. Orpheus Group. Eine Besonderheit dieser Mosaike ist die häufige Darstellung von Orpheus, einem Sänger aus der griechischen Mythologie. Normalerweise ist Orpheus auf bildlichen Darstellungen zusammen mit Tieren dargestellt. In den corinischen Mosaiken hingegen ist er alleine in einem Kreis oder Achteck dargestellt, die Tiere sind außerhalb davon angeordnet. Das Orpheus-Mosaik im Corinium-Museum ist stark beschädigt, doch zu erkennen sind in einem inneren Ring verschiedene Vogelarten, und in einem äußeren Ring Raubkatzen, die sich um Orpheus scharen.
Wenige 100 m nordöstlich des Museums ist am Ende des großen Stadtparks ein Rest der römischen Stadtmauer zu sehen (Abb. 24).

Amphitheater

Neben dem Corinium Museum kann man das Amphitheater an der Cotswold Avenue besuchen. Für den Bau des Amphitheaters waren die Römer ähnlich erfinderisch wie in Durnovaria. Sie wählten als Ort die Mulde des Kalksteinbruchs, aus dem auch die Steine für den Bau der Stadt gewonnen wurden. Der Steinbruch ist heute immer noch in Form einer steilen Senke sichtbar. In den Felsen am Rand des Steinbruchs wurde das Amphitheater hineingebaut, sodass das kolossale Bauwerk von dieser Seite Stabilität besaß und weniger Baumaterial benötigt wurde. Das Amphitheater ist eines der größten, die in England gefunden wurden, es fasste ca. 8.000 Zuschauer und befand sich außerhalb der Stadtmauern im Südwesten von Corinium. Heute ist es Teil eines teilweise bewaldeten kleinen Parks. Zwischen dem Amphitheater und der Stadtmauer, die sich unweit im Nordosten befand, säumte ein großer Friedhof den Fosse Way.

Literatur

Cotswold District Council (Hrsg.): Corinium Museum Highlights. London 2015.

Der Nationalpark Dartmoor hat nicht nur wunderschöne Natur, wild herumlaufende Ponys und ein berühmtes Gefängnis zu bieten. Unzählige Spuren stein- und bronzezeitlicher Bewohner laden zu ausgedehnten Erkundungstouren zu Steinkreisen, zeremoniellen Komplexen und ganzen prähistorischen Dörfern ein.

17 DARTMOOR – WANDERUNGEN DURCH EINE PRÄHISTORISCHE KULTURLANDSCHAFT

South West England

Devon

Dartmoor ist einer der schönsten und wildesten Landschaftszüge in Südengland. Die hügelige Moor- und Felslandschaft hat die Fantasie vieler Generationen beflügelt, das berühmte Gefängnis in Princetown trägt seit dem 19. Jh. außerdem zu einem gewissen Gruselflair bei. Bei Sonnenschein erscheint das Dartmoor jedoch keineswegs furchterregend, die sich windenden kleinen Straßen laden ein zu Erkundungstouren, die weite Landschaft zu Wanderungen jenseits ausgetretener Pfade.

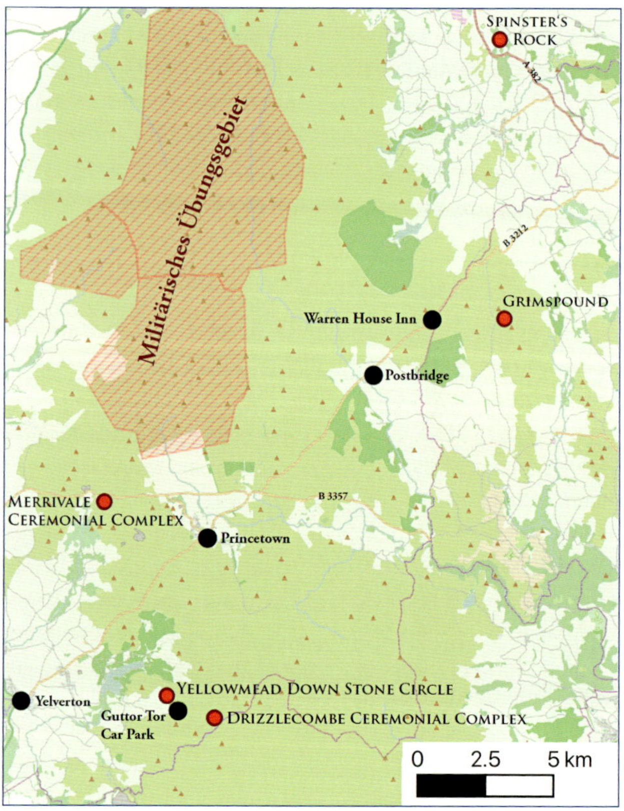

Karte 5: Dartmoor, Übersichtsplan.

Kartenlegende mit Koordinaten:

Spinster's Rock (N 50.42128, W 3.50456)

Grimspound (N 50.36799, W 3.50271)

Merrivale Ceremonial Complex (N 50.33286, W 4.02606)

Yellowmead Down Stone Circle (N 50.29579, W 4.00638)

Drizzlecombe Ceremonial Complex (N 50.29151, W 3.59165)

Die Menschen der späten Jungsteinzeit und frühen Bronzezeit haben zahlreiche Spuren im Dartmoor hinterlassen, hier gibt es neben den Isles of Scilly die höchste Dichte prähistorischer Bauwerke in ganz England. Dazu gehören die Reste von Siedlungen und Dörfern und zahlreiche Monumente, die einem religiös-rituellen Kontext zugeordnet werden, wie Steinkreise, Menhire, Steinreihen und Cairns. Sie alle zu beschreiben, würde ein eigenes Buch füllen. Deshalb wurden hier einige der beeindruckendsten Beispiele ausgewählt.

Wanderung vom Warren House Inn

Das Warren House Inn liegt ziemlich zentral im Dartmoor. Als eines der wenigen gastronomischen Einrichtungen im Nationalpark eignet es sich hervorragend als Ausgangs- und Endpunkt für Wanderungen. Die hier vorgeschlagene Wanderung enthält fünf prähistorische Monumente. Sie führt besonders am Anfang und am Ende querfeldein, man sollte deshalb festes Schuhwerk mitnehmen; außerdem ein GPS, da die Monumente nicht ausgeschildert sind. Die Wanderung dauert etwa fünf bis sechs Stunden.
Rechter Hand vom Warren House Inn führt ein Pfad nach Nordwesten. Nach etwa 450 m erreicht man die Anhöhe Water Hill mit dem King's Oven, einem prähistorischen Steinhügel (Cairn). Mit einem Durchmesser von 18 m und einer Höhe von bis zu 1,4 m ist er zwar imposant, präsentiert sich aber nicht mehr in seiner Originalform und Größe. Verstreut um den Steinhaufen liegen mehrere Reste zerschlagener Steinplatten, die möglicherweise zu einer Stein-

Abb. 25: Dartmoor, Hurston Ridge Doppel-Steinreihe.

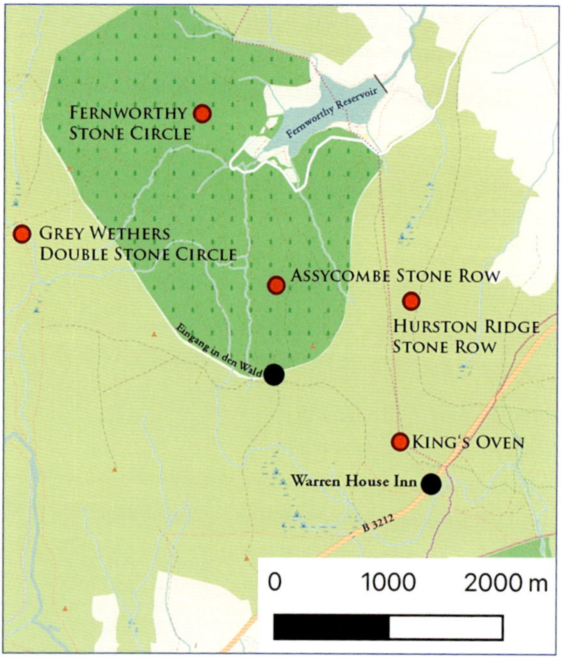

Karte 6: Dartmoor, Übersichtsplan der Wanderung vom Warren House Inn

Kartenlegende mit Koordinaten:

King's Oven (N 50.36974, W 3.52745)

Hurston Ridge Stone Row (N 50.37586, W 3.52679)

Assycombe Stone Row (N 50.37689, W 3.53663)

Fernworthy Stone Circle (N 50.38466, W 3.54215)

Grey Wethers Stone Circles (N 50.37934, W 3.55589)

kiste gehörten, einer neolithischen Gräberform.

Ca. 1.200 m nördlich des King's Oven befindet sich die Hurston Ridge Doppel-Steinreihe (Abb. 25), eine der am besten erhaltenen Doppelsteinreihen im Dartmoor. Am Südende steht ein gewaltiger Menhir auf einem Cairn, von dort aus verläuft die Reihe, bestehend aus 49 Steinpaaren, ca. 140 m nach Norden einen seichten Hang hinunter bis zu einem Schlussstein, um den herum sich Bodenplatten befinden.

Das nächste Monument befindet sich im Fernworthy Forest. Um es zu erreichen, muss man einen Umweg über das südliche Tor zum Wald nehmen, da dieser ansonsten mit Stacheldraht umzäunt ist. Die nächste Station ist eine weitere Doppel-Steinreihe, die sog. Assycombe Double Stone Row. Sie liegt sehr malerisch auf einer Lichtung an einem Hang mitten im Tannenwald und ist ähnlich aufgebaut wie die Hurston Ridge Double Stone Row. Am unteren Ende der Steinreihe befindet sich unmittelbar daneben auf der südlichen Seite ein sog. Hüttenkreis (engl. hut circle), d. h. die steinernen Reste der äußeren Mauer eines prähistorischen Rundhauses.

Wandert man nun auf dem Forstweg weiter nach Norden, passiert man den südwestlichen Zipfel des Fernworthy Reservoirs, das von einem herrlichen Laubwald umgeben ist. Der Weg macht einen weiten Bogen um das Reservoir und knickt schließlich nach Westen ab, wo man nach weniger als 100 m auf den Fernworthy Stone Circle stößt. Der Kreis besteht aus 27 Steinen und hat einen Durchmesser von 20 m. Um den Steinkreis herum gibt es drei Steinreihen und fünf Cairns, die wahrscheinlich später hinzugekommen sind. Sie deuten darauf hin, dass dieser Platz ein wichtiges zeremonielles Zentrum war. Eine Steinreihe, die vom Kreis aus nach Norden verläuft, ist heute noch sichtbar, ebenso wie ein Cairn südöstlich davon, der als kleiner Hügel erkennbar ist.

Das letzte Monument auf der Wanderung ist der beeindruckende Doppelsteinkreis Grey Wethers, nun wieder in offener Landschaft. Die beiden direkt nebeneinander liegenden Steinkreise sind fast identisch. Beide enthalten je 30 Steine und haben einen Durchmesser von ca. 33 m. Die besondere Anordnung zweier Kreise nebeneinander ist ungewöhnlich, häufiger sind konzentrische Steinkreise. Von hier aus kann man quer durch das Moor in fast gerader Linie zurück zum Warren House Inn laufen, der Weg beträgt etwa 4,5 km und geht nach einem anfänglichen Aufstieg die meiste Zeit bergab.

Außerdem sehenswert:

Der Merrivale Ceremonial Complex ca. 4 km westlich von Princetown

Das Dolmengrab Spinster's Rock im Norden von Dartmoor in der Nähe der A30

Zur Lage s. Karte 5.

Grimspound

Nach einer Stärkung mit lokalem Ale im Pub des Warren House Inn bietet sich ein weiterer Spaziergang auf die andere Seite der Straße an, zum ca. 2,5 km entfernten bronzezeitlichen Dorf Grimspound. Es wird auf den Zeitraum zwischen 1400 und 1000 v. Chr. datiert und ist damit wahrscheinlich wesentlich jünger als die nahe gelegenen Steinkreise und Steinreihen.
Von der Straße steigt man einen mit Steinplatten gepflasterten Pfad hinauf in das runde Areal der Siedlung, das von einer beeindruckenden knapp 3 m dicken Trockenmauer eingefasst ist. Man betritt die Stätte durch einen gepflasterten Eingang, der von mehreren Steinen flankiert wird, deren flache Seiten nach innen zeigen und somit richtige Wände bilden. In dem runden Areal selbst sind mehrere Hüttenkreise mit erkennbaren Eingängen erhalten, die wie Iglus anmuten.

Yellowmead Down Steinkreis und Drizzlecombe Ceremonial Complex

Zwei weitere äußerst sehenswerte prähistorische Stätten sind vom Gutter Tor Car Park aus zu erreichen, das letzte Stück des Weges ist ein beliebter Picknickplatz mit fantastischer Aussicht über das Dartmoor. Vom Parkplatz aus befindet sich der Yellowmead Down Steinkreis, der aus vier fast konzentrischen Steinkreisen besteht, etwa 600 m nördlich, während der beeindruckende Drizzlecombe Ceremonial Complex ca. 1.400 m südöstlich gelegen ist. Dieser besteht aus drei Steinreihen, die fast parallel den Hang hinauflaufen, zwei davon sind noch gut zu sehen. Alle werden unten von großen Menhiren und oben von Cairns begrenzt, die sich jeweils in einem Steinkreis befinden. Der Menhir, der die mittlere Steinreihe begrenzt, ist mit 4,3 m der höchste im Dartmoor. Man sieht ihn schon von Weitem und er hat oben eine Art Nase, die ihm eine einzigartige Form verleiht. Direkt neben den Steinreihen steht das sog. Giant's Basin, ein 4 m hoher Cairn mit einem Durchmesser von 22 m. Im Innern befindet sich eine runde Aushöhlung mit Steinen darin, daher der Name „Giant's basin“ (Schüssel des Riesen). Ungefähr auf der halben Strecke zwischen dem Komplex und dem Parkplatz befinden sich auf einer Anhöhe die durcheinandergewürfelten Reste einer großen prähistorischen Siedlung, die sog. Whittenknowles Rocks enclosure.

Literatur

Jeremy Butler: Dartmoor Atlas of Antiquities.

Vol. 1: The East. Exeter 1991, 143–145.

Vol. 2: The North. Exeter 1991, 30f., 34, 162–166.

Vol. 3: The South-West. Tiverton 1994, 74, 93f., 126f., 135–142.

Die Bewohner in der Gegend von Dorchester hatten schon immer ein Faible für außergewöhnliche Wohnformen. In der Eisenzeit erbauten sie Englands größtes Hill Fort mit bis zu 25 m hohen Wällen, im 20. Jh. entstand das klassizistische Modelldorf Poundbury.

18 DORCHESTER UND MAIDEN CASTLE – VOM MÄCHTIGEN HILL FORT ZUR GESITTETEN RÖMISCHEN *CIVITAS*

South West England

Dorset

Maiden Castle

Nähert man sich Dorchester von Westen über die A35, passiert man zunächst die Siedlung Poundbury (Abb. 26). Die Fassaden der Häuser wirken eigenartig unenglisch und steril. Dies ist ein in den 1980er-Jahren im Zuge der New Urbanism-Bewegung neu errichtetes Modelldorf, in dem bezahlbare Sozialwohnungen mit Eigentumswohnungen gemischt wurden. Prince Charles war maßgeblich an der Initiierung dieses Projektes beteiligt. Vis à vis mit Poundbury liegt ca. 1,5 km südlich ein weiteres architektonisches Kleinod: Maiden Castle ist das größte Hill Fort in England. Der ovale Hügel sticht in der sonst flachen Landschaft hervor. Wahrscheinlich deshalb war er ein schon von Menschen der Steinzeit bevorzugter Siedlungsplatz. Um 3500 v. Chr. fällten sie die meisten Bäume und legten eine erste Wallanlage auf dem östlichen Plateau des Hügels an. In der frühen Eisenzeit (ca. 800–400 v. Chr.) wurde dieser Teil zu einem Hill Fort mit einer richtigen Befestigungsanlage ausgebaut, zwischen 400 und 120 v. Chr. wurde dann der gesamte Hügel (ca. 19 ha)

Abb. 26: Modelldorf Poundbury, Blick vom Maiden Castle.

befestigt. Die mächtigen Wälle und Gräben, die Maiden Castle umgeben, wurden über mehrere Jahrhunderte erbaut und ausgeweitet. In der Gegend des heutigen Dorset wurden in der mittleren Eisenzeit über 30 weitere Hill Forts erbaut, aber mit dem stetigen Ausbau von Maiden Castle schienen sie ihre Bedeutung bald zu verlieren. Vielleicht zogen die Menschen stattdessen in das größere und mächtigere Maiden Castle. Die beeindruckende Wall- und Grabenanlage, die heute noch bis zu 25 m hoch ist, erforderte von Ankommenden einen labyrinthartigen Aufstieg, bei dem jeder Schritt von den Wällen aus beobachtet werden konnte. Die beiden Eingänge befinden sich im Osten und Westen des Hügels. Der Stamm, der in der Eisenzeit hier lebte, hieß Durotrigen. Zum Ende der späten Eisenzeit konzentrierte sich die Bevölkerung von Maiden Castle zunehmend – wie zu Beginn der Besiedlungsgeschichte – im Osten des Plateaus, schließlich wurde dort ein großer Friedhof eingerichtet, auf dem über 50 Gräber, zum Teil mit wertvollen Grabbeigaben, gefunden wurden. Einige davon sind im äußerst sehenswerten Dorset County Museum in Dorchester ausgestellt.

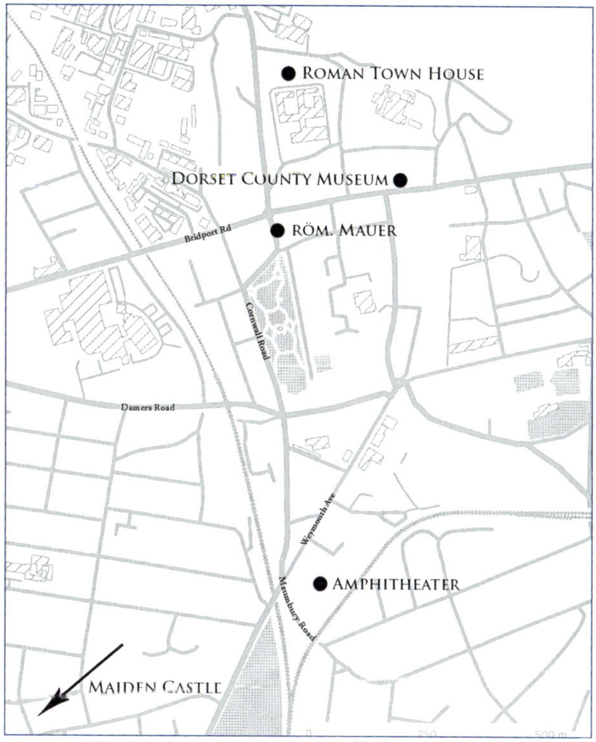

Karte 7: Dorchester, Übersichtsplan.

Was genau auf Maiden Castle passierte, als die Römer es erreichten, wissen wir nicht. Archäologen in den 1930er-Jahren haben vermutet, dass auf dem Friedhof im Osten des Hügels Kämpfer bestattet sind, die bei einer kriegerischen Auseinandersetzung zwischen den Römern und den Bewohnern des Hill Forts gestorben sind. Das wird aber heutzutage angezweifelt, da auch Frauen dort begraben liegen und weil die Bestattungen sehr sorgfältig ausgeführt wurden. Es scheint im Laufe der Jahre jedenfalls eine friedliche Übereinkunft zwischen Einheimischen und Römern gegeben zu haben, denn nachdem um das Jahr 70 n. Chr. auf dem Gebiet des heutigen Dorchester eine neue Stadt nach römischem Vorbild errichtet wurde, verließen die Bewohner Maiden Castle und siedelten sich in der neu gebauten Stadt an. Diese wurde zu ihrem neuen Hauptsitz und hieß fortan Durnovaria. Der hohe Lebensstandard, die gute Infrastruktur und öffentliche Einrichtungen wie Bäder und ein Amphitheater waren sicher ein großer Anreiz, aus römischer Sicht hatte man die Einheimischen befriedet und sie in das römische System integriert.

Dorset County Museum
High W St,
Dorchester DT1 1XA
https://www.dorset-countymuseum.org/

Das römische Dorchester

Von Durnovaria sind heute noch einige Spuren in Dorchester sichtbar. Besonders das Amphiteater Maumbury Rings ist sehr beeindruckend. Archäologische Ausgrabungen haben gezeigt, dass es auf einem neolithischen Henge erbaut wurde, der etwa dieselben Ausmaße hatte, aber einen niedrigeren Wall und einen inneren Graben. Die Römer respektierten in der Regel immer einheimische Heiligtümer wie etwa auch in Bath. Doch zur Zeit der Invasion war diese rituelle Stätte schon mehr als 2.000 Jahre alt. Wahrscheinlich wussten die römischen Erbauer der Stadt nicht, worum es sich handelte. Sie haben wohl eher einen pragmatischen Nutzen in der vorliegenden Struktur gesehen, da sie diese leicht zu einem Amphitheater ausbauen konnten. Heute liegen die Maumbury Rings in einem kleinen Park und sind von Gras bewachsen.
Sehenswert ist außerdem eine römische Stadtvilla im Norden von Dorchester am Colliton Park. Sie ist frei zugänglich und die Räume, in denen sich Mosaikfußböden befinden, sind durch eine moderne Glaskonstruktion und ein Dach geschützt. Mit dem Bau des Hauses wurde erst im frühen 4. Jh. begonnen und innerhalb der nächsten 50 bis 80 Jahre wurde es weiter ausgebaut und erhielt u. a. eine Hypokaustenheizung. Interessanterweise scheint das Haus auch nach dem Abzug der Römer um das Jahr 410 weiter bewohnt gewesen zu sein. Der südliche Teil wurde allerdings reduziert. An diesem Beispiel kann man sehen, dass römisch-britische Städte mit dem Abzug der römischen Armee weiterbestanden, dass sich aber der Lebensstandard senkte. Nun gab es keine staatliche Ordnung mehr, die Gemeinden mussten sich selbst verwalten; Handelswege waren nicht mehr geschützt und wurden nicht mehr in Stand gehalten. Der Wohlstand, der mit den Römern gekommen war, verließ die Insel fürs Erste wieder mit ihrem Abzug.
Einige hundert Meter weiter südlich ist an der Straße The Grove zwischen der High West Street und der Prince's Street ein Stück der römischen Stadtmauer zu sehen (Abb. 27).

Abb. 27: Dorchester, Rest der römischen Stadtmauer an der Straße The Grove.

Wo der letzte Zipfel Cornwalls lange aufgehört hat und es bis Neufundland nur noch 3.700 km sind, kommt noch etwas: Winzige Flecken im Meer, die Isles of Scilly. Sie bilden den westlichsten Teil Englands und waren bereits am Übergang der Stein- zur Bronzezeit besiedelt. Zeugnis davon liefern heute zahlreiche imposante Eingangsgräber.

19 ISLES OF SCILLY – ANGENEHMES LEBEN IM GOLFSTROM SEIT DER STEINZEIT

South East England

Cornwall

Die Inselgruppe der „Scillies", wie die Engländer sie nennen, befindet sich etwa 45 km westlich von Cornwall an der Stelle, wo der Ärmelkanal in den Atlantischen Ozean übergeht. Die Strömungen dort führen dazu, dass auf den Scilly-Inseln ein ganz besonderes, fast subtropisches Mikroklima herrscht. Die fünf größten der über 140 Inseln sind bewohnt, der Verkehr mit dem englischen ‚Festland' erfolgt mit der Passagierfähre „Scillonian", den „Skybus" genannten Propellerflugzeugen und neuerdings auch mit dem Helikopter.

Die Isles of Scilly waren bereits in der Prähistorie bewohnt. Als besonders isoliert haben die damaligen Menschen die Lage der Inseln offenbar nicht empfunden, denn zahlreiche Grabmonumente sowie Keramikfunde aus der späten Jungsteinzeit und der frühen Bronzezeit (ca. 2500–2000 v. Chr.) zeugen sowohl von einer dichten Besiedlung als auch von regem Handel mit England und dem europäischen Kontinent. Obwohl die Überquerung des Ärmelkanals zu jener Zeit für uns heute sehr strapaziös erscheint, zeigen Funde bronzezeitlicher Boote in England immer wieder, dass der Seeweg ein vielgenutzter Transportweg war. Hinzu kommt, dass der Meeresspiegel damals 5–15 m niedriger war als jetzt und die umliegenden Küsten damit nicht so

Abb. 28: Insel St Mary's, ‚Wanderschranke' vor der Einflugschneise des Skybus auf dem Coastal Path.

weit von den Scillies entfernt waren wie heute. Reger Kontakt über einen langen Zeitraum mit Teilen Irlands und Schottlands, mit weiteren Kanalinseln, Wales und der Bretagne zeigt sich in der ähnlichen Bauweise von jungsteinzeitlichen und frühbronzezeitlichen Grabmonumenten und eisenzeitlichen Dörfern.

Auf den Isles of Scilly gibt es insgesamt 80 sog. Scillonische Eingangsgräber. Einige besonders große Gräber dieses Typs wurden seit dem Ende des 19. Jhs ausgegraben und für Besucher zugänglich gemacht. Sie bestehen in der Regel aus einem runden flachen und teilweise in Stein gefassten Erdhügel mit einem seitlichen Eingang, der in eine steinerne Grabkammer führt. Darin wurden menschliche Reste aus Körper- und Feuerbestattungen gefunden, aber auch leere Kammern. Aufgrund der archäologischen Funde von Asche, Keramik und persönlichen Gegenständen nimmt man an, dass sie nicht ausschließlich als Gräber, sondern auch zu rituellen Zwecken verwendet wurden. Drei der am besten erhaltenen Eingangsgräber befinden sich auf der Hauptinsel St Mary's. Um sie zu erreichen, bietet sich eine Rundwanderung um die Insel auf dem Coastal Path an, der auch an anderen megalithischen Strukturen vorbeiführt, die nicht separat ausgeschildert sind, sich dem sensibilisierten Auge aber leicht erschließen.

Karte 8: Isles of Scilly, Übersichtskarte St Mary's.

Kartenlegende mit Koordinaten:

Porth Hellick Burial Chamber: N 49.91872, W 6.28046

Innisidgen Upper Burial Chamber: N 49.93458, W 6.29106

Bant's Carn Tomb und Halangy Down Ancient Village: N 49.9314, W 6.30784

Rundgang über St Mary's

Wandert man von Old Town aus gegen den Uhrzeigersinn auf dem Coastal Path und lässt den Flughafen hinter sich (der Weg führt durch die Abflug- und Landeschneise des Skybus hindurch, Abb. 28), kommt man bald in das Gebiet Porth Hellick Down. Hier befindet sich eine Art prähistorischer Friedhof mit acht Eingangsgräbern. Das am besten erhaltene ist die sog. Porth Hellick Burial Chamber, auch Giant's Grave (Grab des Riesen) genannt. Der 3,6 m lange Eingang ist nicht überdacht und führt zu der eigentlichen Grabkammer, die etwa 10 m lang ist. Am Anfang und Ende des Eingangs befindet sich jeweils ein Barrierestein, der vielleicht den Eintritt oder die Sicht in das Innere verhindern sollte.

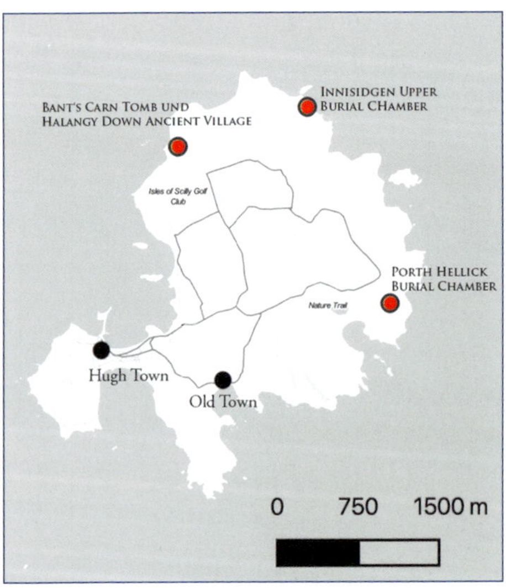

Wandert man nun den Küstenpfad weiter, stößt man im Norden der Insel heute in sehr exponierter Lage auf die Innisidgen Upper Burial Chamber. Sie ist das am besten erhaltene Eingangsgrab auf den Scilly-Inseln. In der Grabkammer wurde nichts gefunden, doch die Wände enthalten Spuren von Ton, der darauf hinweist, dass sie einst vielleicht ver-

Abb 29: Insel St Mary's, Strand am Coastal Path nordwestlich der Innisidgen Upper Burial Chamber

putzt und sogar bemalt waren. An dem Hang des Grabmonumentes wurde, ähnlich wie in Chysauster auf der Halbinsel Penrith (s. Nr. 15), ein prähistorisches terrassenartiges Feldersystem entdeckt. Dieses wird teilweise heute noch von den Bewohnern genutzt, denn oberhalb des Monuments befindet sich im Wald ein Gemeinschaftsobstgarten.

Um zu dem dritten großen Eingangsgrab, Bant's Carn Tomb, und dem angrenzenden eisenzeitlichen Dorf Halangy Down zu gelangen, umrundet man die nördliche Nase von St Mary's. Hier befinden sich mehrere herrliche Strände, von denen aus man unbeschwert schwimmen oder die in- und ausfahrenden Schiffe beobachten kann (Abb. 29). Die Grabanlage Bant's Carn Tomb liegt am oberen Ende eines Hanges, der in prähistorischer Zeit ebenfalls zu terrassierten Feldern gestaltet wurde. Man kann noch erkennen, dass das Grabmonument auf einer eigenen Terrasse steht. Unterhalb sieht man die Reste eines Dorfes aus der Eisenzeit, dem Halangy Down Ancient Village. Als es in dieser Form erbaut wurde, stand Bant's Carn Tomb schon viele Jahrhunderte an dieser Stelle. Dennoch wurde es von den Bewohnern offenbar nicht zerstört oder umgebaut. Vielleicht nutzten sie es weiter?

Das Halangy Down Ancient Village entspricht vom Typ den eisenzeitlichen Dörfern Chysauster und Carn Euny in Cornwall. Besonders die Innenarchitektur erinnert an die Häuser in Chysauster: Es gibt jeweils einen großen Innenhof, von dem ein großer runder Raum mit einer Feuerstelle abgeht. Auch hier gibt es Räume mit kleinen, in die Wand eingelassenen Nischen. Vielleicht dienten diese als Schreine. Ein Hinweis darauf könnten mehrere

Abb. 30: Insel St Mary's, Hafen von Hugh Town.

Bronzebroschen sein, die in der Nähe einer dieser Nischen entdeckt wurden, und die vielleicht als eine Art rituelle Gabe dienten. Wie in Chysauster sieht man auch hier noch Steine mit runden Einbuchtungen, in denen wahrscheinlich Getreide gemahlen wurde. In jedem Haus wohnte vermutlich eine Familie, es gibt verschiedene Räume oder Bereiche, und vielleicht wurden in angrenzenden Häusern Tiere gehalten. Scherben von feinem Geschirr u. a. aus dem Rheinland zeigen, dass die Einwohner mit dem Festland in Handelsbeziehung standen und dass man einen relativ hohen Lebensstandard hatte.

Das Symbol von Lydney Park ist ein liegender Hund mit einem breiten Halsband, der seinen Kopf gedreht hat, um nach hinten zu schauen. Es handelt sich dabei ursprünglich um eine kleine Bronzefigur aus einer römischen Tempelanlage, deren Ruinen sich auf dem Anwesen befinden. Gegen einen kleinen Obolus kann man diese und den reizvollen Lydney Park besichtigen.

20 LYDNEY PARK – LASS DICH HEILEN IM TEMPEL VON NODENS!

South East England

Gloucestershire

Das Lydney Park Estate ist ein großzügiges Anwesen nahe der walisischen Grenze oberhalb des Flusses Severn. Das Herzstück bildet ein 1875 erbautes Herrenhaus im viktorianischen Stil, das von einem weitläufigen Wildgehege und einer herrlichen Gartenanlage umgeben ist. Der Park hat seit dem frühen 18. Jh. viele Veränderungen durchlaufen und das alte Herrenhaus, das sich früher näher an der Straße befand, wurde zugunsten des neuen abgerissen. Zwei Traditionen wurden aber seit dem Bestehen von Lydney Park stets gewahrt: die Haltung von Rehen und das Pflanzen besonderer Baumarten, die heute noch die Parkanlage prägen.

Lydney Park Estate
Lydney GL15 6BZ
https://www.lydney-parkestate.co.uk/

Auf dem Gelände liegt auch der Camp Hill. Hier befand sich vor der römischen Eroberung, spätestens seit etwa 100 v. Chr., ein eisenzeitliches Hill Fort mit einer mächtigen Befestigung aus Erdwällen und Gräben. Diese sind noch ansatzweise im Norden des Plateaus, wo es ins Tal abfällt, sichtbar. Man vermutet, dass die Römer dann im 1. Jh. n. Chr. eine Wachstation hier einrichteten, denn von dem Hügel konnte man den Severn gut überblicken. Eindeutige Spuren zeigen, dass auf dem Areal in römischer Zeit Eisen abgebaut wurde. Die Eingänge zu den Minen sind heute teilweise noch sichtbar, aber im Sommer ziemlich zugewachsen. Die Ruinen, die heute auf dem Hügel zu sehen sind, stammen aus dem 4. Jh. Offenbar wurde an dieser Stelle in den 360er-Jahren, d. h. ca. 50 Jahre vor dem Abzug der Römer aus Britannien, ein opulenter Tempelkomplex errichtet.

Der Tempel befand sich im Süden der Anlage in einem ummauerten heiligen Bezirk, dem sog. *temenos*, und war nach Südosten gerichtet. Die Mauern dieses Tempels sind heute am südlichen Ende des Plateaus sichtbar. Die Architektur des Tempels ist außergewöhnlich. Er besteht aus einer *cella* und einem überdachten Säulenumgang, wie es typisch für keltisch-römische Tempel ist. Andererseits ist der Grundriss rechteckig und erinnert damit an römische Basilika-Bauten. Bemerkenswert sind außerdem die kleinen Kapellen, die in den Säulenumgang integriert sind. Innerhalb der *cella* befinden sich am Kopfende ebenfalls drei kleine Kapellen oder Nischen. In ihrem Design erinnert der Tempel so an frühe christliche Kirchen. Recht bald nach dem Bau des

Literatur

Lydney Park Estate (Hrsg.): Lydney Park. Spring gardens & Roman remains. o. O, o. J.

Guy de la Bédoyère: Roman Britain. A new history. London 2013, 240–242.

Tempels stürzte dieser wieder ein, anschließend wurden einige der Kapellen ausgebaut, eine andere wurde entfernt, und es wurden mindestens drei Mosaike gelegt. Das wichtigste Mosaik der gesamten Anlage befand sich in der *cella* und gibt Auskunft darüber, welche Gottheit hier verehrt wurde. Bei den ersten Ausgrabungen 1805 waren noch Teile davon erhalten. Es zeigt Fische und Seeungeheuer und enthält eine Inschrift, aus der hervorgeht, dass ein Titus Flavius Senilis es dem Gott Nodens geweiht hat. Ein in der *cella* gefundenes Fluchtäfelchen sowie einige weitere gefundene Inschriften nennen den Namen ebenfalls.

Nodens scheint eine lokale Gottheit zu sein und das Mosaik legt nahe, dass er in irgendeiner Form mit Wasser zu tun hatte. Bei Ausgrabungen im Jahr 1929 wurde J. R. R. Tolkien, zukünftiger Verfasser der Werke *Der Hobbit* und *Der Herr der Ringe*, an die Ausgrabungsstätte geholt. Er war damals Professor für Angelsächsisch und erhielt die Aufgabe, die Etymologie des Namens „Nodens" zu erforschen, um mehr über den mysteriösen Gott zu erfahren. In seinem Essay *The Name Nodens* eruierte Tolkien verschiedene Herkunftsmöglichkeiten, eine davon spricht Nodens die Funktion eines Fischers oder Anglers zu. Bisher hatte man aufgrund der Motive auf dem Mosaik angenommen, es handele sich um einen Meeresgott. Funde in der Tempelanlage legen außerdem nahe, dass Nodens hier vielleicht in der Funktion eines Heilgottes verehrt wurde. Gefunden wurden u. a. Modellkörperglieder, anhand derer man zeigen könnte, welcher Teil des Körpers einen schmerzte; ebenso deuten zahlreiche Hundefigurinen und -abbildungen wie der berühmten Bronzehund auf einen Heilkult hin. Hunde wurden in der griechisch-römischen Antike u. a. mit Heilkulten in Verbindung gebracht, sie leckten die Wunden der Kranken. Der Stempel eines Augenarztes lässt außerdem vermuten, dass hier verschiedene Fachärzte verweilten, bei denen man sich behandeln lassen konnte.

Im Nordosten schloss sich an den Tempel ein großer Gebäudetrakt an, der um einen Innenhof arrangiert war. Er wird als Gästehaus interpretiert und ist heute nicht mehr sichtbar. An der Rückseite des Tempels, noch innerhalb des *temenos*, befand sich ein längliches, heute nicht mehr sichtbares Gebäude, das aus vielen kleinen nebeneinanderliegenden Räumen bestand. Dieses Arrangement spricht dafür, dass es sich um eine Ladenzeile gehandelt haben könnte, wo man etwa als Pilgerer Opfergaben für den Tempel erwerben konnte. Da viele der Räume allerdings mit Mosaiken ausgestattet waren, geht man eher davon aus, dass es sich um eine Art rituelles *dormitorium* handelte, wo man zum Zwecke inspirierender Träume schlafen konnte. An dieses Gebäude schloss sich im Norden ein Badehaus an, dessen Reste heute noch oberhalb des Hanges sichtbar sind. Es war sehr großzügig und verfügte über alle Räume, die auch ein öffentliches römisches Bad hat, inklusive einer Latrine. Von dem Badehaus ist heute noch der südliche Teil zu sehen, am prägnantesten der Raum mit zwei Apsiden, der als *caldarium* interpretiert wird. Mit Wasser versorgt wurde das Bad durch hölzerne Rohre in einem steinernen Kanal aus einem großen quadratischen Tank ca. 30 m nordöstlich. Der Graben, in dem diese Leitung verlegt war, ist heute noch deutlich im Boden sichtbar. Die im Verhältnis zum gesamten Tempelkomplex enorme Größe des Bades lässt passend zu der Interpretation des Gottes Nodens vermuten, dass es sich möglicherweise um eine Art Heilbad gehandelt haben könnte.

Die gewaltige Wall- und Burganlage, die wir heute Old Sarum nennen, blickt auf eine mindestens 2.400 Jahre dauernde Geschichte zurück. Die fast konzentrischen Kreise, bestehend aus einem mächtigen eisenzeitlichen Hill Fort und einem normannischen Burghügel in dessen Zentrum, machen Old Sarum einzigartig.

21 OLD SARUM – VOM EISENZEITLICHEN HILL FORT ZUR NORMANNISCHEN BURGANLAGE

South West England

Wiltshire

Auf der Landstraße, die von Osten kommend nach Stonehenge führt, liegt nördlich von Salisbury der Hügel Old Sarum. Durch seine erhöhte Lage überblickt er die umgebende seichte Landschaft, die heute vor allem durch Landwirtschaft geprägt ist (Abb. 31). Unterhalb treffen sich die Flüsse Avon, Bourne und Nadder und bilden zwischen sich eine weite fruchtbare Ebene. Diese natürlichen Gegebenheiten und die strategisch günstige Lage an mehreren Handelsrouten sind die Hauptgründe, warum Old Sarum seit prähistorischer Zeit über mehrere Jahrtausende eine andauernde Bedeutung für die Menschen hatte.

Heute weist Old Sarum eine Art zweifache Ringsstruktur auf: Von Weitem sieht man den inneren Befestigungshügel, der von einem tiefen Graben umgeben ist. Rundherum erstreckt sich eine 12 ha große kreisrunde Fläche. Erst beim Näherkommen erkennt man die äußere Befestigungsanlage, noch wesentlich imposanter als die innere, die das Gelände ringförmig umschließt.

Abb. 31: Blick von Old Sarum Richtung Westen.

Einen ersten Eindruck davon bekommt man, wenn man diesen äußeren Ring mit dem Auto durchquert, um zum Parkplatz zu gelangen. Er besteht aus zwei Wällen, die in der Mitte von einem Graben getrennt werden.

Das eisenzeitliche Hill Fort

Diese Wallanlage ist das älteste Bauwerk von Old Sarum. Zwar gibt es auf Old Sarum Besiedlungsspuren, die bis etwa 3000 v. Chr. zurückreichen, doch das Erdwerk hier ist wesentlich jünger, der Bau wird in die Eisenzeit datiert, etwa auf 400 v. Chr. Der ursprüngliche Eingang befand sich im Norden, wurde aber wohl noch vor der römischen Besatzung wieder zugeschüttet. Seitdem befand sich der einzige Eingang stets an der Stelle, wo auch heute die Straße in die Anlage hineinführt.

Unter römischer Besatzung

Auf dem *Itinerarium Antonini*, einem römischen Straßenverzeichnis, ist ein Ort namens Sorviodunum dokumentiert, der auf dem Weg nach Isca Dumnoniorum (Exeter) und 20 römische Meilen südlich von Venta Belgarum (Winchester) gelegen haben soll. Lange ging man in der Forschung davon aus, dass mit diesem Ort Old Sarum gemeint sein müsse und dass die Römer hier ein großes Militärlager errichtet hätten. Dass römische Aktivitäten hier seit der Eroberung im Jahr 43 n. Chr. stattgefunden haben, ist sicher. Ob es sich aber

Literatur

John McNeill: Old Sarum. London 2017 (English Heritage Guidebooks).

um Sorviodunum handelt, kann nicht nachgewiesen werden, zumal die archäologischen Zeugnisse keine Hinweise auf die Errichtung eines Lagers oder auf eine starke römische Besiedlung innerhalb der Befestigungsanlage geben. Dafür wurden außerhalb von Old Sarum in jeweils etwa 400–500 m Entfernung zwei römisch-britische Siedlungen entdeckt, eine im Südosten und eine im Südwesten direkt an der antiken Durchgangsstraße. War Old Sarum vielleicht das Zentrum eines dieser oder gar beider Dörfer? Oder, wenn es nicht Teil der Besiedlung war, hatte es eine besondere Bedeutung, etwa als Heiligtum oder militärischer Rückzugsort?
Ebenso wenig wie über die Besiedlung Old Sarums zu römischer Zeit wissen wir über den Übergang zur angelsächsischen Zeit und die 600 Jahre danach bis zur Errichtung der normannischen Burg. Immerhin gibt es die Überlieferung, dass im Jahr 522 der angelächsische König von Wessex, Cynric, einen Ort namens Saerobyrg erobert haben soll. Damit ist wohl Old Sarum gemeint. Im Jahr 1003 soll der dänische König Sweyn Saerobyrg dann auf seinem Eroberungszug durch Wessex heimgesucht haben.

Die normannische Burganlage

Der bis heute erhaltene innere Burghügel entstand um 1070 kurz nach der normannischen Eroberung. Seresberi oder Salisberie, wie der Ort nun genannt wurde, erschien Wilhelm dem Eroberer als geeignet für die Errichtung einer Verteidigungsanlage. In diesem Zuge erhielt Seresberi eine Kathedrale und eine zunehmende Bedeutung als administratives Zentrum. Dies zeigt sich unter anderem darin, dass Wilhelm im Jahr 1086 alle Feudalherren hierher bestellte, um ihm Loyalität zu schwören. Dieses Ereignis wird gemeinhin „Oath of Sarum“ oder „Oath of Salisbury“ genannt.
Die ersten Gebäude aus dieser Zeit waren wahrscheinlich aus Holz gebaut und wurden während des 11. und 12. Jh. durch Steinbauten ersetzt, deren Ruinen heute auf dem Burghügel sichtbar sind. Dominiert wird dieser von den Strukturen eines mächtigen Gebäudes auf der Nordseite, das wahrscheinlich von Roger von Sarum in den 1130er-Jahren als bischöflicher Palast errichtet wurde. Roger, ursprünglich ein Priester aus der Normandie, war ein enger Vertrauter von König Heinrich I. Kurz nachdem Heinrich im Jahr 1100 König von England wurde, ernannte er Roger zum Kanzler. Ein Jahr später wurde dieser darüber hinaus zum Bischof von Old Sarum gewählt. Diese Doppelrolle verlieh ihm eine ungeheure Macht. Es wird vermutet, dass er die erste normannische Burg vollständig erneuern und eine neue Kathedrale errichten ließ, deren Grundriss mit wenigen Änderungen durch Rogers Nachfolger Jocelyn de Bohun heute noch im äußeren Burghof auf der Fläche des ehemaligen Hill Forts zu sehen ist.

Seit über vier Jahrtausenden zieht Stonehenge Menschen in seinen Bann. Was diese Stätte in der Steinzeit so besonders machte, bleibt bis heute ein Rätsel. Ebenso, warum hunderte Menschen sich zusammenschlossen, um riesige Felsblöcke hierherzubringen. Selbst moderne Archäologen beißen da auf Granit – oder besser gesagt auf Sandstein.

22 STONEHENGE – STUMME WÄCHTER DER TOTEN?

South East England

Wiltshire

Stonehenge befindet sich an der Direktverbindung zwischen London und dem Südwesten Englands. Seit der Umgestaltung 2013 ist das Gelände autofrei (bis auf einen Shuttlebus). Im Eingangsbereich stimmen eine abwechslungsreiche Ausstellung, rekonstruierte prähistorische Häuser und ein Modell des Findlingstransportes in Originalgröße auf den Besuch des Steinkreises ein.

1. Bauphase: 3000 v. Chr.

Betrachtet man aufmerksam die unmittelbare Umgebung des Steinkreises (Abb. 32), bemerkt man eine unregelmäßige Erhebung, die einen weiten Kreis um das zentrale Monument bildet. Sie geht zurück auf die erste Bauphase und ist Hauptbestandteil eines kreisrunden Erdwerkes mit einem Durchmesser von 110 m. Ein weiteres Element dieser ersten Anlage waren 56 gleichmäßig angeordnete Löcher, die innerhalb des Walls einen weiteren Kreis bildeten, die sog. Aubrey-Löcher. Man hat darin die eingeäscherten Überreste von ca. 63 Männern, Frauen und Kindern gefunden. Aus diesem Fund erschließt sich, dass Stonehenge zunächst als eine Art Friedhof diente. In den Löchern standen vielleicht Holzpfosten oder die sog. Blausteine, d. h. die kleineren schmaleren Steine, die heute innerhalb des Steinkreises stehen. Heute sind die Aubrey-Löcher nicht mehr zu sehen, doch auf dem Besucherweg gibt es an der entsprechenden Stelle eine Markierung. Die Wallanlage hatte zu Beginn mindestens zwei Eingänge, einen kleinen im Süden und einen breiteren Haupteingang im Nordosten, der heute immer noch gut zu erkennen ist.

Die Anlage war schon damals auf den Lauf der Sonne ausgerichtet: Der Haupteingang zeigt nach Nordosten, genau dorthin, wo zur Sommersonnenwende am 21. Juni die Sonne aufgeht. Sollte vielleicht dieser längste Tag des Jahres dort gefeiert werden? Zur Wintersonnenwende am 21. Dezember geht die Sonne in derselben Achse, im Südwesten, unter. Eine These lautet, dass

Abb. 32: Stonehenge, Blick auf die westliche Seite des Steinkreises.

Stonehenge vielleicht an dieser Achse ausgerichtet wurde, um den kürzesten Tag des Jahres und damit die Rückkehr zu längeren Tagen, zu Wärme und zum Licht zu feiern. Dies wäre insofern verständlich, als der Winter für die Menschen der Steinzeit eine harte und gefährliche Zeit gewesen sein muss und ihr Überleben zu einem großen Teil vom Gedeihen der Pflanzen und Tiere abhing.

2.–3. Bauphase: 2500–2400 v. Chr.

Um 2500 v. Chr. fanden große bauliche Veränderungen in der Stätte statt, die das Bild von Stonehenge bis heute prägen: Im Zentrum wurden fünf große Sarsen-Trilithen in einer Hufeisen-Form errichtet. Dieses Hufeisen richtet sich wie das schon bestehende Erdwerk am Sonnenlauf aus und öffnet sich nach Nordosten zum Haupteingang. Die Höhe der Trilithen ist in diese Richtung hin abgestuft: Am offenen Ende befinden sich die niedrigsten, während derjenige gegenüber der Öffnung mit 8 m der höchste ist (heute eingestürzt). Um dieses Hufeisen wurden die Blausteine arrangiert, die vorher wahrscheinlich in den Aubrey-Löchern standen. Sie bildeten einen nicht ganz vollständigen doppelten Kreis um die Trilithen. Die entsprechenden Abdrücke dieser Formation nennt man heute Q- und R-Löcher.
Eingeschlossen wurde dieses Arrangement von dem heute noch so charakteristischen Steinkreis aus 60 behauenen Sarsenblöcken – 30 aufrechtstehende

Tragsteine, bedeckt mit 30 waagerechten Decksteinen. Von den tragenden Sarsensteinen stehen noch 17, neun sind umgefallen und vier verschwunden. Von den Decksteinen liegen nur noch sechs an ihrer ursprünglichen Position. Die Deck- und Tragsteine greifen durch Zapfen ineinander, die Decksteine wiederum haben eine Nut-und-Feder-Verbindung. Der Steinkreis war an der nordöstlichen Seite, wo sich der Haupteingang befand, viel besser gearbeitet als an der gegenüberliegenden Seite. Wurde der Steinkreis von Anfang an in dem Bewusstsein, dass die Nordostseite die repräsentative Seite ist, in unterschiedlicher Qualität gebaut? Oder, mehr noch, wurde die ‚Rückseite' möglicherweise gar nicht fertiggebaut? Ein Indiz für diese Theorie ist das Fehlen mehrerer Steinblöcke besonders im Südwesten sowie ein Tragstein im Süden, der nicht hoch genug ist, um mit einem Deckstein abzuschließen.

Direkt innerhalb der Wallanlage wurden die vier sog. Stationssteine errichtet. Sie bildeten ein Rechteck, das genau bemessen war und in dessen Mittelpunkt sich die Mitte des Steinkreises befand. Der sog. Opferstein flankierte zusammen mit zwei weiteren aufrechtstehenden Sarsenblöcken den nordöstlichen Haupteingang zu der Anlage.

In einer dritten Bauphase (um 2400 v. Chr.) wurde u. a. die sog. Stonehenge Avenue angelegt, eine 3 km lange, von niedrigen Wällen und Gräben flankierte Straße, die zum Fluss Avon führt. Diese ist heute nur noch im Luftbild an manchen Stellen sichtbar.

Die massiven Sarsen- und die kleineren Blausteine kommen aus unterschiedlichen Gebieten. Blaustein ist ein Sammelbegriff für verschiedene Gesteinsarten aus derselben Gegend, den Presli-Bergen im Westen von Wales. Diese sind etwa 225 km Luftlinie von Stonehenge entfernt. Die Sarsensteine hingegen kommen aus den ca. 30 km entfernten Marlborough Downs. Während die ca. 1–2 t schweren Blausteine wahrscheinlich über den Wasserweg transportiert wurden, zog man die bis zu 35 t schweren Sarsenblöcke auf Schlitten oder Rollen.

Wozu der Steinkreis errichtet wurde, wissen wir nicht. Da das steinerne Stonehenge nach wie vor nach der Sonne ausgerichtet war, bleibt die Theorie eines Festplatzes für die Sonnen- oder Wintersonnenwende bestehen. Möglich ist auch, dass es weiter als Begräbnisstätte genutzt wurde. Vielleicht sollten die Steine die Toten verkörpern? Einer anderen Theorie zufolge könnten die Steine in der Vorstellung der Menschen eine heilende Kraft gehabt haben. Diese Idee geht darauf zurück, dass es in der Gegend von Wales, wo die Blausteine herkommen, heute immer noch die Sage von heilenden Steinen gibt.

Sicher ist auf jeden Fall, dass Stonehenge eine überregionale Bedeutung hatte. Dies ergibt sich allein aus der großen Anzahl an Menschen, die für so ein enormes Bauprojekt nötig waren. Da die Besiedlung im Umland von Stonehenge zu dieser Zeit eher rar gesät war, haben sich möglicherweise verschiedene Menschengruppen zusammengeschlossen, um dieses Bauprojekt durchzuführen.

Literatur

Mike Parker Pearson et al.: Stonehenge. Making sense of a prehistoric mystery. York 2015.

Julian Richards: Stonehenge. London 2015 (English Heritage Guidebooks).

4.–5. Bauphase: 2100–1600 v. Chr.

Die großen Sarsenblöcke wurden seit ihrer Errichtung nie wieder bewegt. Die kleineren Blausteine allerdings wurden nun erneut umgestellt, und zwar in die Formation, wie man sie heute noch sieht: Es entstand ein konzentrischer Blaustein-Kreis innerhalb des großen Sarsenstein-Kreises und ein zweiter innerhalb des Sarsen-Hufeisens. Von diesem inneren Kreis wurden später mehrere Steine an der Nordostseite entfernt, sodass daraus ein zweites Hufeisen innerhalb des großen entstand.

Karte 9: Stonehenge, Übersichtsplan des Steinkreises.

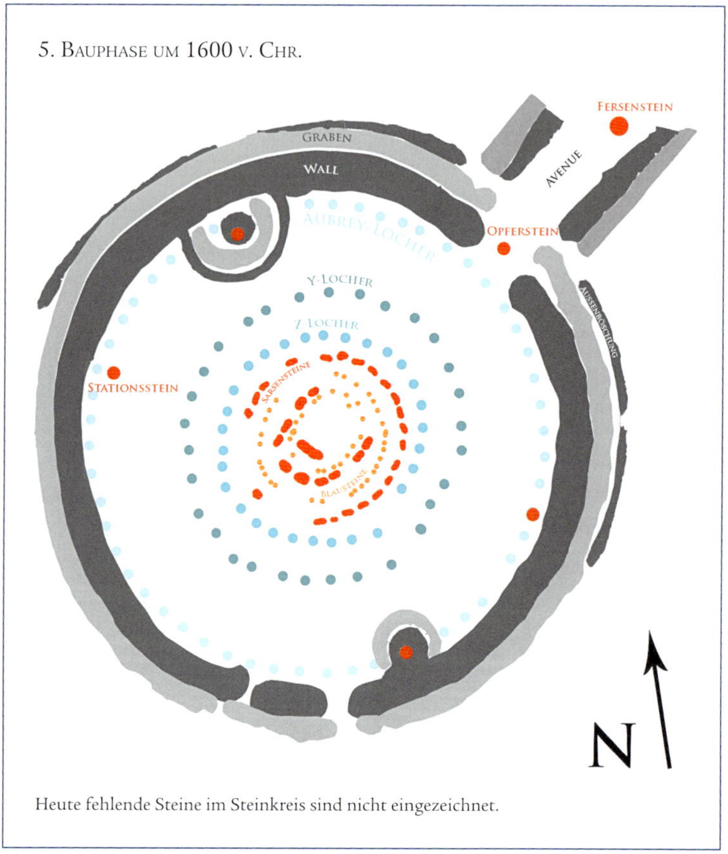

In dieser Zeit wurden außerdem erstmals hunderte Hügelgräber in der Nähe von Stonehenge errichtet. Ab etwa 1600 v. Chr. (Phase 5) entstanden zwei konzentrische Kreise außerhalb des Sarsen-Kreises, die sog. Y- und Z-Löcher. Ihr Zweck bleibt rätselhaft, denn es haben weder Stein- noch Holzpfosten darin gestanden und sie hatten auch keine Füllung – ein unvollendetes Bauprojekt? Vielleicht sind diese Löcher ein Marker dafür, dass Stonehenge nun seine sakrale Bedeutung verlor.

Der Kern des antiken Londiniums befindet sich in der City of London unter Kolossen aus Glas und Stahl. In den letzten Jahren wurden einige der noch vorhandenen Ruinen aufwendig restauriert und in Szene gesetzt, zuletzt das London Mithraeum. Einer Hauptstadt angemessen, wird Archäologie hier zum Erlebnis!

23 LONDON – SCHON VOR 1.700 JAHREN HAUPTSTADT BRITANNIENS

Greater London

Geschichte

Greater London

Londinium wurde kurz nach der Eroberung Britanniens neu gegründet und fungierte in erster Linie als Handelsumschlagsplatz und Versorgungsstützpunkt. Ausschlaggebend dafür war die zentrale Lage im neu erschlossenen Gebiet und an der Themse, die hier besonders flach war und auf der man schnell Güter für die weitere Erschließung der Insel ins Landesinnere schaffen konnte. Später liefen zahlreiche von den Römern ausgebaute Straßen hier zusammen, so etwa die Watling Street, die Ermine Street und die Stane Street.

Diese günstige Lage führte zu einem frühen Siedlungsboom in Londinium. Archäologen vermuten, dass hier bereits im Jahr 52 n. Chr. etwa 10.000 Menschen gelebt haben könnten. Die aufblühende Stadt wurde jedoch bereits im Jahr 60 n. Chr. von Boudicas Truppen wahrscheinlich vollständig zerstört. Ab ca. 70 n. Chr. wurde die Stadt in großem Stil wiederaufgebaut, irgendwann in dieser Zeit wurde Londinium dann zur Hauptstadt der Provinz Britannien. Bereits im Jahr 100 n. Chr. war Londinium größer als alle anderen römischen Städte in Britannien, um 120 hatte es dann seine größte Ausdehnung und um die 25.000 Einwohner.

Nachdem im Jahr 120 ein weiteres Feuer große Teile der Stadt zerstört hatte, schien Londinium nicht weiterzuwachsen, und ab dem 3. Jh. setzte ein langsamer Bevölkerungsrückgang und Verfall ein. Dies hängt einerseits damit zusammen, dass im Jahr 200 Britannien in zwei Provinzen unterteilt wurde und Londinium nun nur noch Hauptstadt der südlichen Provinz Britannia Superior war. Die meisten Soldaten waren nun außerdem am Hadrianswall stationiert. Dieser war von weiter nördlich gelegenen Häfen gut erschlossen und konnte von dort versorgt werden. Um das Jahr 300 wurden die beiden Provinzen noch einmal aufgeteilt und Londinium übersah nur noch den südöstlichen Teil Britanniens. Im Laufe des 4. Jhs. erlebte die Stadt nochmals eine produktive Bauphase, in der u. a. neue wertvolle Mosaike und eine Basilika errichtet wurden, vielleicht ein Bischofssitz.

Römische Besichtigung von Ost nach West

Heute gibt es in London nur noch wenige Orte, die an die römische Epoche erinnern. Diese liegen verhältnismäßig nah beieinander, sodass man sie zu Fuß oder mit den öffentlichen Verkehrsmitteln leicht an einem Tag besichtigen kann.

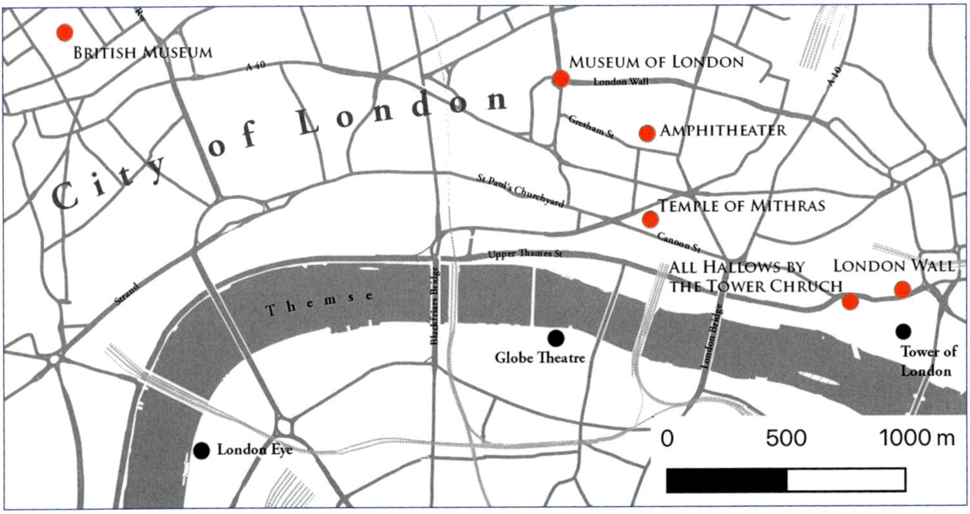

Karte 10 London, Übersichtsplan.

Nördlich vom London Tower, direkt an der Tower Hill Street und nahe der Subway Station Tower Hill, befindet sich die London Wall, ein kleiner Abschnitt der römischen Stadtmauer (Abb. 33). Das römische Mauerwerk ist noch ca. 4,6 m hoch, der Aufbau darüber ist mittelalterlich. Bei der Besichtigung des Mauerstückes befindet man sich an der Innenseite, d. h. innerhalb Londiniums. Mit dem Bau der Stadtmauer wurde im Jahr 200 n. Chr. begonnen und er dauerte etwa zwei bis drei Jahrzehnte. Die moderne Bronzestatue vor der Mauer zeigt den Kaiser Trajan (reg. 98–117)und hat keinen Zusammenhang mit ihr. Trajan hat Britannien nämlich niemals besucht.

Vom London Tower über die London Wall führt der London Wall Walk über eine Strecke von 2,8 km zum Museum of London. Auf dieser Strecke sind insgesamt 21 Informationstafeln angebracht. Römische Reste sind auf dem Weg allerdings nicht zu sehen, da alles überbaut ist. Nur 200 m die Straße Tower Hill nach Westen hinunter stößt man auf die Kirche All Hallows by the Tower, die älteste Kirche Londons. Sie wurde im Jahr 675 gegründet und ist damit noch 300 Jahre älter als der nahe gelegene Tower of London. Im Keller der Kirche, auf dem Weg zu einer modernen Krypta, ist der Teil eines römischen Mosaikfußbodens aus dem späten 2. Jh. *in situ* zu sehen. Die Mosaiksteine (*tesserae*) sind recht grob und es ist kein Motiv zu erkennen, dennoch ist dies einer der am besten erhaltenen Fußböden aus römischer Zeit in London.

Abb. 33: London, Rest der römischen Stadtmauer, im Vordergrund moderne Statue von Kaiser Trajan.

Abb. 34: London Mithraeum in der Bloomberg Arcade.

Weiter Richtung Westen befindet sich in der Bloomberg Arcade mitten zwischen neu errichteten Geschäftsgebäuden aus Stahl und Glas der Eingang zum London Mithraeum (Abb. 34), einem Mithrastempel aus der Mitte des 3. Jhs. Dieser wurde vom Bloomberg Unternehmen im Rahmen der umfassenden Baumaßnahmen in den letzten Jahren instandgesetzt und ist seit 2018 für Besucher geöffnet.

Der Mithraskult war ein Geheim-Kult aus dem Orient, der uns seit dem 1. Jh. n. Chr. im Römischen Reich bekannt ist. Er war bei Legionären sehr beliebt, die ihn mit in die Provinzen nahmen. Das Hauptmotiv der Mithräen, das meistens in Form eines großen Schreins am Kopf der tunnelartigen Tempel

Abb. 35: London Mithraeum, Reste des unterirdischen Tempels.

Abb. 36: London Mithraeum, moderne Rekonstruktion des Schreins mit der Tötung eines Stiers durch Mithras.

Abb. 37: London, Reste des römischen Amphitheaters im Keller der Guildhall Art Gallery.

aufgestellt ist, zeigt den Gott Mithras, der auf einem Stier sitzt und diesen mit einem Messerstich in den Hals tötet. Er trägt eine phrygische Zipfelmütze, die auf seine nahöstliche Herkunft hinweist. Sein vom Stier abgewandtes Gesicht mutet an wie Unwillen, den Tötungsakt zu vollziehen. Um Mithras und den Stier herum werden in der Regel Tiere wie ein Löwe, ein Hund und ein Skorpion abgebildet. Der Skorpion kneift den Stier häufig in die Hoden. Eine Deutung dieser Darstellung ist, dass das Blut und der Samen des Stieres für Fruchtbarkeit und die Erneuerung der Welt stehen. Neuere Deutungen halten die Tiere für Sternbilder. Dies wäre insofern passend, als auch die Innenseite von Mithras' Mantel häufig von Sternen besetzt ist. Außerdem gibt es meist zwei Fackelträger, Cautes und Cautopates, die in der Regel als Sonnenauf- und Untergang oder als Tag- und Nachgleiche gedeutet werden. Ein wunderbar erhaltenes Relief aus Marmor, das heute im Museum of London ausgestellt ist, zeigt diese Szene. Ausgestellt ist dort ebenfalls ein mehr als lebensgroßer Mithraskopf. Dieser gehört wahrscheinlich zu dem Schrein, der das Herz des London Mithraeums darstellte. Das Mysteriöse, das diesen Kult bis heute umgibt, wird in der neuen Präsentation des Mithräums in London mit viel Aufwand in Szene gesetzt (Abb. 35 und 36). Durch eine Installation aus Nebel, Lichtspielen und Geräuschen erhält der Besuch dieses archäologischen Fundes regelrechten Eventcharakter.

Die nächste Station ist das römische Amphitheater (Abb. 37). Dessen ausgegrabene Reste befinden sich im Keller der Guilhall Art Gallery und können kostenlos besichtigt werden. Die ovale Arena des Amphitheaters befindet sich zu etwa drei Vierteln unter dem Guildhall Yard, dem Vorhof. Hier ist dessen Grundriss in den Fußbodenplatten nachgezeichnet. Im Keller der Guildhall ist der Osteingang des Amphitheaters zu sehen. Die Reste sind in einer modernen Installation aus grünem Licht in einem abgedunkelten Raum beeindruckend in Szene gesetzt. Die Steine bilden eine zweite Bauphase im frühen 2. Jh. ab, als man die ursprüngliche Holzkonstruktion ausbaute und durch Stein ersetzte. Das Amphitheater fasste etwa 6.000 Zuschauer.

Von der Guilhall ist es nicht weit zum Museum of London. Dieses enthält neben den sensationellen Funden aus dem Mithräum eine sehr anschauliche Ausstellung über das römische London. Außerhalb des Museums befinden sich Reste der mittelalterlichen Befestigungsanlage, aber auch einige Reste des westlichen Stadttores des römischen Militärlagers, das in die Stadtmauer integriert war.

Das British Museum bildet gewissermaßen eine Ergänzung zum Museum of London. Die Ausstellungsräume sind eher klassisch und weniger originell gestaltet. Dafür sind hier einige der wichtigsten Funde aus dem prähistorischen, römischen und angelsächsischen England zusammengestellt, wie z. B. das wertvolle Silbertablett (Corbridge Lanx) aus Corbridge am Hadrianswall (s. Nr. 44), die frühchristliche Wandmalerei aus Lullingstone (s. Nr. 5) und der angelsächische Helm aus Sutton Hoo (s. Nr. 27).

Literatur

Bloomberg (Hrsg.): London Mithraeum. London 2018.

Cathy Ross, John Clark. London. The illustrated history. London 2011.

Museum of London
150 London Wall,
London EC2Y 5HN
https://museumoflondon.org.uk

British Museum
Great Russell St,
Bloomsbury,
London WC1B 3DG
https://www.britishmuseum.org/

Das römische Kastell Burgh Castle befindet sich östlich von Norwich am Rande des Nationalparks The Norfolk Broads und knapp 5 km von der Nordseeküste entfernt. Seine Lage oberhalb des River Waveney gewährt einen wunderbaren Blick auf die Schilf- und Sumpflandschaft der Broads sowie auf die historische Berney Arms Windmühle.

24 BURGH CASTLE – SACHSENKÜSTENKASTELL MIT AUSSICHT

East of England

Norfolk

Das römische Kastell wurde in seiner heute sichtbaren Form im späten 3. Jh. errichtet. Wahrscheinlich handelt es sich um das in der *Notitia Dignitatum* als „Garianno" (lat. Gariannorum) bezeichnete Kastell zur Sicherung der Sachsenküste.

Vor 1700 war der Wasserspiegel noch höher und das Kastell lag direkt am Meer. Es war groß genug, um bis zu 1.000 Fußsoldaten oder 500 Soldaten der Kavallerie unterzubringen. Ein Reiterhelm aus dem Jahr 395 belegt, dass zu diesem Zeitpunkt die *Equites Stablesiani* hier stationiert waren. Diese Reitereinheit wurde wohl im Rahmen der Neuorganisation und Erweiterung der römischen Kavallerie in der zweiten Hälfte des 3. Jhs. gegründet. Außerhalb der Kastellmauern entstand außerdem eine zivile Siedlung (*vicus*), wahrscheinlich war dieser Ort für Handwerker und Händler ein lukrativer Ort, um den römischen Soldaten Waren und Dienstleistungen zu verkaufen.

Die Mauern des Kastells stehen noch an drei Seiten, die westliche Wand ist abgestürzt. Sie sind erstaunlich gut erhalten, bis zu 3,3 m dick und bis zu 4,5 m hoch. Auf der Mauer befanden sich ein Umgang und eine Brüstung und es gab zehn runde Wachtürme, die direkt vor die Mauer gesetzt waren. Immerhin sechs davon sind noch erhalten. Sie wurden erst errichtet, nachdem die Mauern schon zu einem guten Stück hochgezogen waren. Noch heute sieht man deutlich, dass sie nur im oberen Abschnitt mit der Mauer verbunden sind. Innen waren sie völlig mit Stein verfüllt und hatten eine stabile Plattform, die für die Lagerung großer Wurfgeschosse geeignet war.

Literatur

Guy de la Bédoyère: Roman Britain. A new history. London 2013, 128.

Abb. 38 rechts: Burgh Castle, Blick auf die Berney Arms Windmühle.

Colchester ist die einzige englische Stadt, deren antiker Name durch eisenzeitliche Münzfunde bereits vor dem Eintreffen der Römer belegt ist: Camulodunum. Deshalb wird es häufig als älteste Stadt Englands bezeichnet. An vielen Ecken der Stadt sind Spuren dieser langen Geschichte sichtbar.

25 COLCHESTER – DIE (VIELLEICHT) ÄLTESTE STADT ENGLANDS

East of England

Essex

Das eisenzeitliche Camulodunum lag etwa 2 km südlich der später errichteten römischen Stadt, im heutigen Gosbecks Park. Reste der Befestigungsanlage, die aus einem ca. 4 m hohen Erdwall und einem äußeren ca. 4,5 m tiefen Graben bestand, sind heute noch im südlichen Teil des Lexden Park zu sehen, die sog. Lexden Earthworks and Bluebottle Grove.

Die Stadt war Hauptsitz der Trinovanten, eines der mächtigsten Stämme in Britannien, und war eines der ersten Ziele der römischen Invasion. Anschließend wurde in der Stadt ein Militärlager mit Hilfstruppen der *Legio XX Valeria Victrix* errichtet. Als diese Legion im Winter 48/49 n. Chr. nach Glevum (Gloucester) verlegt wurde, wurde Camulodunum zu einer Veteranenkolonie gemacht, einer Seniorenresidenz für ausgediente Soldaten. Sie wurde entsprechend dem Legionsnamen wahrscheinlich Colonia Victrix genannt. Diese neu gegründete Stadt wuchs schnell und wurde zur Hauptstadt Britanniens – bis zum Jahr 60 n. Chr., als sich die Stämme der Icener und Trinovanten unter

Abb. 39: Colchester Castle mit dem Castle Museum.

der Führung von Boudica zusammenschlossen und sich gegen die römischen Besatzer auflehnten. Unter ihrer Führung zogen die Kelten zuerst nach Camulodunum. Der Hass auf die neu gegründete Veteranenkolonie war besonders groß, denn anscheinend waren die neuen Bewohner nicht gerade feinfühlig mit den Einheimischen umgegangen und hatten sie regelrecht aus ihrer alten Stadt verjagt. In Camulodunum war ein großer Tempel zu Ehren des Eroberers Claudius errichtet worden, damals der größte in Britannien. Die Bewohner der Stadt waren auf den Angriff nicht vorbereitet gewesen und verschanzten sich darin. Es muss ein schreckliches Blutbad gewesen sein. Tacitus schreibt, die Soldaten hätten sich zwei Tage lang im Tempel gehalten, bis sie schließlich von den Kelten besiegt wurden. Es gibt keine detaillierte Beschreibung dieser Schlacht, doch eine dicke Ascheschicht, die den Boden unter Colchester durchzieht, dokumentiert das Ausmaß der Zerstörung. Der Verwaltungssitz Britanniens wurde nach dieser totalen Zerstörung wohl nach Londinium verlegt, das ebenfalls Opfer des Aufstandes geworden, aber nicht so stark beschädigt worden war.

Rundgang

The Castle Museum
Colchester CO1 1TJ
https://cimuseums.org.uk/visit/venues/colchester-castle/

Spuren des römischen Colchester sind an vielen Stellen über die Stadt verteilt. In einem Rundgang kann man sie leicht zu Fuß erschließen. Ausgangspunkt ist das Colchester Castle (Abb. 39), in dem das Castle Museum untergebracht ist. Das beeindruckende Gebäude stammt aus der zweiten Hälfte des 11. Jhs. und wurde auf den Fundamenten des römischen Claudiustempels errichtet. Dieser hatte wahrscheinlich ein klassisches römisches Design, d. h. eine von Säulen umgebene *cella* auf einem erhöhten Podest und einen dreieckigen Dachgiebel. Teile des Fundamentes kann man in einer Führung vom Museum aus besichtigen. Das Museum selbst ist unbedingt empfehlenswert. Es enthält eine der größten und besten römischen Sammlungen in England, darüber hinaus wird das Innere des Schlosses stimmungsvoll in Szene gesetzt.

Hinter dem Schloss im Colchester Park ist ein Abschnitt der *temenos*-Mauer des Claudius-Tempels sichtbar. Etwas weiter den Hang hinunter sieht man Teile des Grundrisses eines großen Wohnhauses aus dem 2. Jh. Ausgrabungen solcher wohlhabender Häuser und viele wertvolle Funde zeigen, dass sich Camulodunum nach der Zerstörung im Jahr 60 n. Chr. wieder erholte und in den kommenden zwei Jahrhunderten zu Wohlstand gelangte.

Verlässt man den Park Richtung Westen, stößt man in der Maidenburgh Street auf ein Schaufenster, in dem ein winziger Teil des römischen Theaters zu sehen ist. Dieses halbovale Gebäude wurde nicht wie ein Amphitheater für blutige Gladiatorenkämpfe und Tierhetzen genutzt, sondern hier wurden Theaterstücke aufgeführt und Reden gehalten. Das Theater stammt wahrscheinlich aus der ersten Bauphase von Camulodunum.

Karte 11: Colchester, Übersichtsplan.

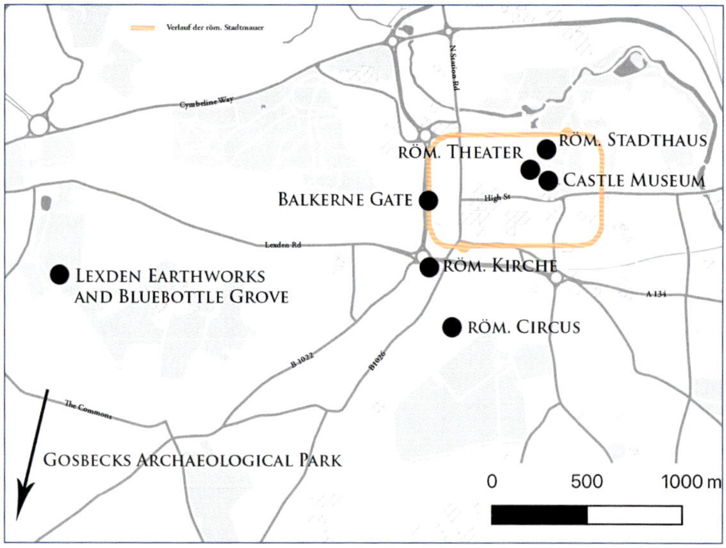

Ca. 870 m nordwestlich beginnt ein langer Abschnitt der römischen Stadtmauer. Direkt südlich vom Colne Bank Roundabout befindet sich das sog. Balkerne Gate (Abb. 40). Ursprünglich war es ebenso wie der Tempel als Bogen zu Ehren von Claudius errichtet worden. Nach der Zerstörung im Jahr 60 n. Chr. wurde es dann als westliches Stadttor in die Stadtmauer integriert. Diese wurde etwa ab dem Jahr 65 n. Chr. errichtet, um die Stadt vor weiteren Angriffen zu schützen. Das Tor hatte ursprünglich vier Durchgänge – zwei große in der Mitte für Fuhrwerke in beide Richtungen und am Rand zwei kleinere für Fußgänger. Erhalten ist heute nur noch der südliche Fußgängerdurchgang und somit ein Bruchteil der ursprünglichen Größe. Die Straße führte vom Tor aus Richtung Südwesten nach Londinium. Südlich an das Balkerne Gate schließt sich ein etwa 130 m langer Abschnitt der Stadtmauer an. Noch weiter südlich befindet sich am Maldon Road Roundabout vor der Polizeistation die sog. Butt Road Church. Es handelt sich dabei um den Grundriss einer frühchristlichen Kirche aus der ersten Hälfte des 4. Jhs. Das Christentum war nun seit wenigen Jahrzehnten (Mailänder Vereinbarung) im römischen Reich offiziell erlaubt und Kirchenbauten sprossen überall aus dem Boden. Diese Kirche ist verhältnismäßig klein und besteht aus einem Haupt- und zwei Nebenschiffen sowie einer Apsis am Kopfende.

Weitere 320 m weiter südlich wurde 2005 der bisher einzige römische *circus* Britanniens entdeckt. Neben Theater und Amphitheater war der *circus* das dritte große öffentliche Bauwerk zu Vergnügungszwecken in einer römischen Stadt. Hier fanden Wagenrennen statt. Der *circus* von Camulodunum war etwa 450 m lang und 75 m breit. Im Zentrum befand sich die Rennbahn, die sich über die gesamte Länge des Bauwerks erstreckte und an einem Ende abgerundet war. Die Wagen, oft von vier Pferden gezogen, machten hier eine

Literatur

Colchester Castle (Hrsg.): Colchester Castle. 2000 years of history. Petersborough o. J.

Colchester Borough Council (Hrsg.): Historic Colchester. Britain's oldest recorded town. o. O. 2017.

gefährliche 180-Grad-Drehung. Der *circus* wurde schätzungsweise um das Jahr 120 unter Kaiser Hadrian errichtet und konnte bis zu 7.000 Zuschauer fassen – eine ähnlich große Zahl wie ein kleines Amphitheater. Ein Teil der Kurve ist am Roman Circus Walk mit modernen Steinen rekonstruiert, gegenüber befindet sich das Roman Circus Centre, wo man ein eindrückliches Modell des Bauwerkes sehen und anschließend einen ruhigen Afternoon Tea zu sich nehmen kann.

Ausklingen lassen kann man den Besuch des römischen Colchester mit einem Spaziergang durch den oben erwähnten Gosbecks Park. Die Römer errichteten hier, im ehemaligen Zentrum der keltischen Stadt, einen Tempel und ein zweites Theater. Der Tempel war möglicherweise Merkur gewidmet, denn eine sehr fein gearbeitete Bronzestatuette des Götterboten und Patronen der Reisenden und Diebe wurde hier gefunden. Zu sehen ist sie im Colchester Castle. Weil diese Stätte so weit außerhalb der Stadtmauern liegt, vermutet man, dass der Tempel für die religiösen Belange der einheimischen Bevölkerung erbaut wurde. Warum es hier ein zweites Theater gibt, ist unklar, doch diese Menge an öffentlichen Bauten zur Unterhaltung zeugt vom Wohlstand Camulodunums. Von diesen Gebäuden ist heute leider nichts mehr zu sehen, doch ihr Grundriss wird auf sehr englische Weise sichtbar gemacht: Mit einem Rasenmäher nämlich, der die entsprechenden Flächen vollständig etwas kürzer mäht als den Rest der Wiese.

Abb. 40: Colchester, römisches Stadttor Balkerne Gate.

An diesem besonderen Ort taucht man ein in die Bronzezeit: ein geheimnisvoller Bohlenweg führte hier durch das Moor, meisterhaft geschnitzte Langboote fuhren durch das Seengebiet und großzügige Rundhäuser boten ein stabiles Zuhause.

26 FLAG FEN ARCHAEOLOGY PARK – ZU FUSS ODER MIT DEM BOOT DURCH DEN BRONZEZEITLICHEN SUMPF

East of England

Cambridgeshire

Etwa 65 km östlich von Leicester befindet sich der archäologische Park Flag Fen. „Fen" bezeichnet im Englischen eine Moor- und Sumpflandschaft, ähnlich wie etwa das Hohe Venn in Deutschland und Belgien. Anlass für die Errichtung des archäologischen Parks war die Entdeckung eines etwa 1 km langen hölzernen Bohlenwegs aus der Bronzezeit (ab ca. 1300 v. Chr.), der an dieser Stelle über das Moor und über eine künstlich angelegte runde Plattform führte. Der Zweck dieses Wegs ist nicht ganz klar. Vielleicht gewährte er den Menschen eine trockene Durchquerung der Moore. Mehrere hundert Objekte wie Waffen, Schmuck oder Tierknochen wurden entlang des Weges und auf der Plattform gefunden. Viele davon scheinen mutwillig zerbrochen und bewusst dort platziert worden zu sein. Deshalb vermutet man, dass Weg und Plattform auch eine rituelle Funktion hatten. Fanden hier vielleicht Bestattungsriten statt? War die Plattform eventuell eine Art bronzezeitlicher Tempel? Und wer durfte den Holzweg überqueren, um dorthin zu gelangen?

Der Bohlenweg führte etwa in Ost-West-Richtung quer durch das heutige Museumsareal. In einer Hütte ist ein Abschnitt für Besucher konserviert. Was auf den ersten Blick wie ein Wirrwarr aus verrotteten Holzbohlen in einem Wasserbecken aussieht, sind fünf nebeneinanderliegende Reihen aus Holzbohlen.

Abb. 41: grasende Soayschafe.

Eine weitere Attraktion des Parks ist die kleine Halle, in der neun prähistorische Langboote konserviert werden. Diese wurden 2011 bei Ausgrabungen auf der Must Farm, ca. 2,2 km südlich von Flag Fen, gefunden. Sie sind alle aus je einem Baumstamm geschnitzt und werden ebenfalls in die Mitte des 2. Jts. v. Chr. datiert wie der Bohlenweg. Durch ein Glasfenster hat man den seltenen Einblick in die Konservierung der Boote. Ähnlich wie die Bohlen des Holzweges befinden sie sich in Wasserbecken und werden regelmäßig mit flüssigem Wachs, dem sog. Polyethylenglycol, besprüht. Dieses ersetzt nach und nach das Wasser, das sich in den Poren der Boote befindet. So können sie langsam trocknen, ohne dabei zu zerfallen. Nach dem Abschluss dieser Maßnahmen werden sie sicher hier oder in einem anderen Museum ähnlich wie das Dover Bronze Age Boat (s. Nr. 3) ausgestellt werden.

Auf dem Museumsgelände ist außerdem ein bronzezeitliches Rundhaus errichtet worden, nach dem Grundriss eines Hauses, das in der Nähe gefunden wurde. Es wurde originalgetreu mit bronzezeitlichen Materialien und ohne moderne Hilfsmittel erbaut.

Auch die Römer kamen durch Flag Fen. Ein kleiner Abschnitt des Fen Causeway, einer römischen Straße, ist auf dem Gelände markiert. Es handelte sich um eine etwa 39 km lange Verbindungsstraße zwischen den modernen Städten Petersborough und Denver. Bei Petersborough befand sich die römische Stadt Durobrivae, dort mündete die Straße in die sog. Ermine Road, die römische Hauptverbindungsstraße zwischen dem Norden und Süden Britanniens.

Der Park ist insgesamt übersichtlich, aber dafür umso schöner gestaltet, ein mit Schilf bewachsener Teich und viele Kanäle lassen den Besucher die Feuchtigkeit der umgebenden Sumpflandschaft spüren. Die hier angepflanzten Gewächse entsprechen Pflanzen- und Baumsorten, die auch in der Bronzezeit gewachsen sein könnten. Auf der Wiese grasen braune Soayschafe (Abb. 41), eine sehr alte Schafrasse, die schon von den Menschen der Jungsteinzeit domestiziert wurde.

Literatur

Vivacity Culture and Leisure (Hrsg.): Flag Fen Bronze Age Archeology Park. The official guide. Petersborough 2016.

Der eigenartige Name Sutton Hoo bezeichnet einen der sensationellsten archäologischen Fundorte in England. 1939 wurde unter einem Hügelgrab das reich ausgestattete Schiffsgrab eines mächtigen angelsächsischen Mannes gefunden. Liegt hier König Rædwald aus der Wuffing-Dynastie begraben?

27 SUTTON HOO – EIN KÖNIGLICHES SCHIFFSGRAB BRINGT LICHT INS DUNKLE ZEITALTER

East of England

Suffolk

Die angelsächsischen Hügelgräber von Sutton Hoo sind für den Besucher nicht sonderlich beeindruckend, denn die meisten wurden nach der Abtragung durch Archäologen nicht wieder in ihrer Originalgröße aufgeschüttet. Die Untersuchung dieser Hügel begann im Jahr 1938, als Mrs Edith Pretty, die Besitzerin der Sutton Hoo Ländereien, das Ipswich Museum darum bat, die merkwürdigen Hügel auf ihrem Grundstück näher zu untersuchen. Der ‚self-made'-Archäologe Basil Brown grub daraufhin drei der Hügel aus und machte in Hügel 2 den Fund eines Schiffsgrabes. Diese Art von Gräbern ist vor allem aus skandinavischen Ländern, aber auch aus Frankreich und dem Baltikum bekannt. Damit werden zumeist Feuerbestattungen in einem Boot oder Schiff bezeichnet, die anschließend mit einem Erdhügel bedeckt werden. Das Grab in Hügel 2 war vorher bereits geplündert worden, doch es

Abb 42: Sutton Hoo, Blick auf den River Deben und den Ort Woodbridge.

konnten neben weiteren Objekten eine kunstvoll verzierte Schwertspitze und Bronzeteile, die vielleicht zu einem Schild gehörten, geborgen werden. Dieser Hügel ist auf dem heutigen Gräberfeld der höchste, denn man hat ihn als einzigen auf seine angenommene Originalhöhe von ca. 4–5 m aufgeschüttet. Ein Jahr nach den ersten Ausgrabungen, 1939, wurden diese in größerem Umfang weitergeführt. Dieses Mal machte man einen wahrlich sensationellen Fund. Im Hügel 1 wurde ein weiteres, größeres Schiffsgrab entdeckt, das Schiff darin war 27 m lang. In seinem Rumpf wurde eine hölzerne Grabkammer mit zahlreichen wertvollen Funden entdeckt. Menschliche Reste konnten nicht eindeutig nachgewiesen werden, doch die Ausstattung der Kammer legt eine Bestattung nahe. Unter den Funden befindet sich der berühmte Sutton Hoo Helm, ein aus einem Stück geschmiedeter Eisenhelm, der an allen Seiten mit mythologischen und tierischen Motiven verziert ist. Seine Ohrenklappen gehen bis hinunter zum Hals und das mit Silber und Bronze geschmückte Visier bedeckt das ganze Gesicht. Außerdem wurden die Reste eines enormen Schildes von etwa 1 m Durchmesser gefunden, der mit Bronze- und Goldapplikationen verziert war, darunter ein Drachenkopf und ein Greif. Dort, wo man den Körper des Toten vermutet, fand man große und meisterhaft gearbeitete Schulter- und Gürtelschnallen aus Gold und Granat-Stein sowie die Reste einer großen Lederbörse. Das Leder ist vergangen, doch der kunstvoll gestaltete Verschluss und die Fassung sowie die Münzen, die sich in der Börse befanden, sind erhalten. Sie werden in das erste Viertel des 7. Jhs. datiert. Bemerkenswert ist außerdem ein mächtiges Bronzezepter, das von

Literatur

National Trust (Hrsg.): Sutton Hoo. A souvenir guide. o. O. 2018.

einer Hirschfigur gekrönt wird, sowie verschiedene Silberobjekte, die sich in einer silbernen Schüssel befanden und von einer runden Silberplatte von 72 cm Durchmesser bedeckt waren. Diese ist wahrlich außergewöhnlich, denn sie trägt den Stempel des Kaisers Anastasius I., der von 491 bis 518 Kaiser des Byzantinischen Reiches war. Die Platte war demnach zum Zeitpunkt der Bestattung nicht nur über 100 Jahre alt, sondern sie war auch durch ganz Europa gereist. Gefunden wurden außerdem Beschläge einer Lyra, auf denen eine phrygische Mütze dargestellt ist – sie verweist auf Orpheus, den berühmten Lyra-Spieler und Sänger aus der griechischen Mythologie.

Wie lassen sich diese sensationellen Funde nun interpretieren? Zunächst legen der Aufwand, die Größe und Art der Grabbeigaben nahe, dass es sich um eine äußerst vermögende und wichtige Persönlichkeit gehandelt haben muss. In der Forschung vermutet man, dass es das Grab des Königs Rædwald aus der angelsächsischen Wuffing-Dynastie sein könnte. Anlass zu dieser These liefert ein Geschichtswerk aus dem frühen 8. Jh., die *Historia ecclesiastica gentis Anglorum* (Kirchengeschichte des englischen Volkes) des Geistlichen Beda Venerabilis. Darin wird die Wuffing-Dynastie beschrieben, die im 6. und 7. Jh. in East Anglia geherrscht haben soll. Ihr Palast habe sich in Rendlesham befunden, das nur ca. 6 km von Sutton Hoo entfernt ist. Nach Bedas Chronik ist außerdem König Rædwald im Jahr 625 gestorben, passend zur Datierung der Münzen im Schiffsgrab. Die Kriegsausstattung, also der Helm und der Schild, ebenso wie das Zepter, sind so schwer und unhandlich, dass sie wahrscheinlich eher zur Machtdemonstration dienten als zum tatsächlichen praktischen Einsatz. Andere Beigaben deuten außerdem auf eine Verbindung mit den Kulturen des Mittelmeerraumes hin. Die Beschläge der Lyra verweisen auf die griechische Mythologie, auf den Silberlöffeln hingegen sind auf Griechisch die Namen Saul und Paul eingraviert, ein klarer Hinweis auf einen christlichen Kontext, ebenso wie der Bezug zu Anastasius, denn das Byzantinische Reich war christlich. König Rædwald, so berichtet Beda, sei im Jahr 604 zum Christen getauft, von seiner Frau jedoch dazu angehalten worden, den alten Glauben nicht aufzugeben. Die Ausstattung des Grabes mit Motiven der angelsächsischen Mythologie wie Drachen, aber eben auch mit Gegenständen, die auf das Christentum verweisen, passt also auch hier zu der Rædwald-These.

Die meisten der Original-Fundstücke aus dem berühmten Schiffsgrab sind heute im British Museum in London (s. Nr. 23) ausgestellt. Im Museum von Sutton Hoo kann man jedoch wunderschöne Rekonstruktionen sehen, die einen Eindruck von der Kunstfertigkeit des Schmuckhandwerks im sog. dunklen Zeitalter geben. Beeindruckend ist auch die lebensgroße Rekonstruktion der hölzernen Grabkammer, in der der (vermutete) Verstorbene mit all seinen Grabbeigaben auf der Grundlage des archäologischen Befundes arrangiert ist.

Kurz geschnittenes dichtes Gras, ein künstlich eingefasster See mit Enten und Schwänen, im Hintergrund die prächtige Kathedrale. Der Verulamium Park ist ein Paradebeispiel für englische Freizeitarchitektur. Unter dem gepflegten Rasen verbirgt sich eine der größten Städte des römischen Britanniens.

28 ST ALBANS – DIE VERSUNKENE STADT UNTER DEM PARK

East of England

Hertfordshire

Etwa 30 km nordwestlich von London liegt die Stadt St Albans. Hier befand sich in vorrömischer Zeit Verlamion, einer der Hauptsiedlungsorte der Catuvellaunen, eines sehr einflussreichen keltischen Stammes in Britannien.

Während Camulodunum durch seine Funktion als keltische Machtzentrale erstes Angriffsziel der römischen Invasion war und offenbar zunächst Widerstand leistete, gibt es für Verlamion keine Hinweise auf eine Gegenwehr – im Gegenteil sprechen archäologische Funde dafür, dass ein lokaler Herrscher mit den Römern kooperierte und als Vasallenkönig weiter über sein Volk herrschen durfte, d. h. der Stamm durfte sich weiter selbst verwalten, musste aber Steuern an Rom abführen.

Während der Revolte in den Jahren 60/61 n. Chr. war die Stadt, deren Name nun romanisiert Verulamium lautete, eines der Hauptziele von Boudica und ihren Truppen. Möglicherweise war ihnen die Kooperation der Einwohner mit den feindlichen Besatzern ein Dorn im Auge, ein Verrat an der Freiheit der einheimischen Stämme. Vermutlich zerstörten sie die gesamte Stadt. Der Wiederaufbau erfolgte nur langsam, doch zwischen den 70er- und 80er-Jahren des 1. Jh. n. Chr. gab es einen regelrechten Bauboom, im Zuge dessen viele neue öffentliche Gebäude nach römischem Vorbild gebaut wurden. Diese Bauphase fällt in die Amtszeit des britannischen Statthalters Agricola. Tacitus zufolge – Agricolas Schwiegersohn, der stets versuchte, die Taten seines Schwiegervaters in sonnigem Licht darzustellen – habe er sich bemüht, die einheimischen Kelten in die römische Kultur und Lebensweise zu integrieren und ihre Städte nach römischem Vorbild auszubauen.

In diesem Zuge wurden beispielweise ein Forum mit einer imposanten Basilika von 106 m Länge errichtet, sowie Tempel, Bäder und ein Theater. Neue Straßen wurden in einem rechteckigen Raster mit *insulae* (Wohnblöcken) angelegt. Mitten durch die Stadt führte von West nach Ost die Fernstraße Watling Street. Die meisten Wohnhäuser wurden zu dieser Zeit noch aus Holz gebaut, bis ein Feuer im Jahr 155 große Teile der Stadt erneut zerstörte. Anschließend entstanden zunehmend Steinbauten. Verulamium wuchs zu einer der größten römisch-britischen Städte heran und seine Flä-

Abb. 43: St Albans, Verulamium Museum am Verulamium Park Car Park.

Verulamium Museum
St Michael's St,
St Albans AL3 4SW
https://www.stalbans-museums.org.uk/visit/verulamium-museum

che, die ab dem späten 3. Jh. mit einer Stadtmauer eingefasst wurde, betrug ca. 82 ha.

Alltagsgegenstände und Mosaike der florierenden Stadt sind im einladend gestalteten Verulamium Museum (Abb. 43) in St Albans ausgestellt. Dieses liegt am Rand des Verulamium Parks, unter dem der größte Teil der antiken Stadt begraben ist. Es handelt sich um einen weitläufigen öffentlichen Stadtpark, der – wie in England üblich – sehr gepflegt und bezaubernd angelegt ist. Aus römischer Zeit erhalten sind auf diesem Gelände lediglich zwei Stücke der römischen Stadtmauer und ein Mosaik.

Ein Mauerabschnitt steht westlich des Verulam Lake mitten auf der Wiese, mit einem herrlichen Blick auf die Kathedrale von St Albans im Osten (Abb. 44). Die ursprünglich 3 m dicke Mauer ist im Laufe der Jahrtausende deutlich geschrumpft, man sieht nun nur noch das Innenleben. Ein weiterer, besser erhaltener Abschnitt ist am südwestlichen Rand des Parks zu sehen.

Recht zentral im Park gelegen befindet sich das einzige Mosaik aus Verulamium, das man *in situ* besichtigen kann. Es war einst Teil einer großen Stadtvilla im südlichen Teil der Stadt mit zwei Etagen und insgesamt etwa 30 Räumen. Es wurde ca. 25 Jahre nach dem großen Feuer um das Jahr 180 erbaut. Das Mosaik ähnelt vom Design jenem im Speisesaal der Chedworth Roman Villa (s. Nr. 14), ein Indiz für den Geschmack der römisch-britischen Elite zum Ende des 2. Jhs.

Verpassen sollte man nicht das römische Theater nördwestlich des Verulamium Museums auf der anderen Seite der A 4147. Der halbrunde Zuschauerkreis, die Tanz- und Spielfläche in der Mitte (*orchestra*) sowie das dahinter gelegene Bühnengebäude (*scena*) sind noch gut zu erkennen. Abgesehen von dem für britische Verhältnisse guten Erhaltungszustand ist die Konstruktion des Theaters interessant. In römischen Theatern ist gewöhnlich der Zuschauerbereich um eine halbkreisförmige *orchestra* angeordnet, den geraden Abschluss bildet hinter der *orchestra* die *scena*, die oft genauso hoch ist wie der höchste Zuschauerrang. Dieses Theater hier hat allerdings eine besonders große, fast kreisförmige *orchestra*, die in den Boden eingelassen ist. Dieses Arrangement erinnert eher an ein Amphitheater. Später im 2. Jh. wurde das Theater umgebaut und entsprach dann eher der klassischen Form. Vielleicht fanden in diesem Hybrid-Theater anfänglich Gladiatorenkämpfe wie in einem Amphitheater statt. Da sich in unmittelbarer Nähe ein Tempel befand, nimmt man an, dass hier auch religiöse Zeremonien abgehalten wurden.

Abb. 44: St Albans, Blick auf die Kathedrale aus dem Verulamium Park.

Literatur

St Albans Council (Hrsg.): Roman Verulamium. St Albans 2015.

Guy de la Bédoyère: Roman Britain. A new history. London 2013, 42–47, 150f.

Höhlenmalereien sind in Europa vor allem aus der Chauvet-Höhle in Frankreich und aus der El-Castillo-Höhle in Spanien bekannt. Seit einigen Jahren ist auch England mit den Ritzzeichnungen von Creswell Crags im Rennen um die schönste steinzeitliche Höhlenkunst.

29 CRESWELL CRAGS – ENGLANDS EINZIGE BEKANNTE STEINZEITLICHE HÖHLENKUNST

East Midlands

Derbyshire-Nottinghamshire

Der archäologische Park Creswell Crags ist nach der Kalksteinschlucht benannt, die darin zu besichtigen ist. Die Schlucht ist von Laubwäldern gesäumt und zu einem Großteil mit Wasser gefüllt, dem ca. 400 m langen Crag Lake. Die Hänge der Schlucht sind voller Spalten und Höhlen – im Süden die beiden langgezogenen Höhlen Boat House Cave und Church Hole, im Norden das Mother Grundy's Parlour, die Robin Hood Cave (Abb. 45), das Pin Hole und das Dog Hole.

Die Höhlen wurden nachweislich bereits von Neanderthalern in der Altsteinzeit genutzt, vor ca. 30.000 Jahren, dann wieder nach der letzten Eiszeit zwischen 11000 und 9000 v. Chr. Diese Menschen am Übergang von der Alt- zur mittleren Steinzeit lebten hier vornehmlich im Frühling und im Sommer, vielleicht nutzten sie die Höhlen als Basis in der Jagdsaison. Zerbrochene Pferdezähne suggerieren, dass wilde Pferde hier gejagt und geschlachtet wurden. Kleine Kratzer auf Hasenknochen deuten darauf hin, dass diesen das Fell abgezogen wurde, um Kleidung herzustellen. Die hier gefundenen primitiven Werkzeuge bestehen aus unterschiedlichen Gesteinen aus verschiedenen Gegenden Englands. Daraus schließen Archäologen, dass die Menschen ihre Werkzeuge auf ihren langen Wanderungen mitgenommen haben. Neben Werkzeugen haben die Menschen der Steinzeit auch Kunst in den Höhlen von Creswell Crags hinterlassen. Darunter befinden sich Ritzzeichnungen und ein Knochen, auf dem ein Pferdekopf eingeritzt ist. Dieser wird auf etwa 9500 v. Chr. geschätzt.

Obwohl in den letzten Jahrhunderten immer wieder Fossilien und prähistorische Knochen in den Höhlen von Creswell Crags gefunden wurden, blieben die Höhlenkunstwerke bis zum Jahr 2003 unentdeckt. Der richtige Moment am richtigen Ort war es, der zu dieser Entdeckung führte, denn das einfallende Tageslicht ließ die ersten Motive hervortreten.

Die eindrücklichste und reichste Wandgestaltung wurde im Church Hole gefunden. Hier sind ein Hirsch, ein Bison, ein Pferdekopf und ein ibisgleicher Vogel zu erkennen, außerdem weitere Strukturen, die nicht eindeutig sind. Die Motive sind mit scharfen Steinkanten in den Fels geritzt worden. Deshalb handelt es sich auch nicht um Höhlen- oder Felsmalerei, sondern um sog.

Abb. 45 rechts: Schlucht von Creswell Crags.

Literatur

Creswell Heritage Trust (Hrsg.): Creswell Crags. o. O., o. J.

Petroglyphen, geritzte Felsbilder. Häufig wurden dabei natürliche Gegebenheiten der Felswand wie Ritzen und Löcher in das Bild einbezogen. Selbst Experten können deshalb häufig nicht recht erkennen, ob eine Form künstlich hergestellt wurde oder natürlich ist. Die Verwitterung des Kalksteines macht es häufig unmöglich, menschliche Einritzungen von natürlichen Unebenheiten zu unterscheiden. Eine genaue Zahl der bisher identifizierten Kunstwerke lässt sich deshalb nicht festmachen. Seit der ersten Entdeckung streiten sich englische Forscher mit Experten aus Frankreich und Spanien darüber, welche Formen menschgemacht sind und welche nicht. Zukünftige Untersuchungen werden hoffentlich noch neue bisher unbekannte Motive zum Vorschein bringen, die ebenso gut erkennbar sind wie die Tiere im Church Hole.

Die Ritzzeichnungen kann man sich in verschiedenen Führungen zu den unterschiedlichen Höhlen ansehen. Der Park verfügt auch über ein äußerst sehenswertes Museum, wo Funde aus den Höhlen, darunter der Knochen mit dem eingeritzten Pferdekopf, zu sehen sind. Ein großes Entdeckerzentrum für Kinder und die weitläufigen Außenanlagen machen diese archäologische Sehenswürdigkeit zu einer sehr familienfreundlichen Attraktion.

Die einst römische Stadt mit dem Namen Ratae Corieltauvorum steht heute vor allem im Zeichen Richards III. – des Richards, den Shakespeare in seinem gleichnamigen Drama „Mein Königreich für ein Pferd!" rufen ließ. Im Jahr 2012 wurden die sterblichen Überreste des englischen Königs (reg. 1483–1485) unter einem Parkplatz in Leicester gefunden, 2015 wurde er dann endlich standesgemäß in der Kathedrale von Leicester bestattet.

30 LEICESTER – RÖMISCHER BADESPASS NEBEN RICHARDS GEBEINEN

East Midlands

Leicestershire

Obwohl Leicester über eines der höchsten erhaltenen Mauerstücke aus römischer Zeit verfügt, die nicht zu einer Stadt- oder Verteidigungsmauer gehören, ist über die frühe Geschichte der Stadt nicht viel bekannt. Sie lag verkehrsgünstig auf dem Fosse Way und ihr römischer Name Ratae Corieltauvorum verweist auf den Stamm der Corieltauver, die zur Zeit der römischen Invasion hier lebten. Die Einbindung des Namens eines einheimischen Stammes in den Stadtnamen deutet immer darauf hin, dass die Einheimischen sich mit den römischen Besatzern arrangiert hatten und unter deren Verwaltung friedlich weiterexistieren durften. Ihre alte keltische Siedlung, die sich ebenfalls auf dem Areal von Leicester befand, wurde dann nach und nach

Abb. 46: Leicester, Jewry Wall und Reste der römischen Thermen.

in eine Stadt nach römischem Bauplan umgewandelt. Wie in anderen römisch-britischen Städten auch wurden die Gebäude im 1. Jh. n. Chr. zunächst aus Holz errichtet, erst Anfang des 2. Jhs. folgten dann Gebäude aus Stein, darunter ein Forum mit einer Basilika und Thermen.

Die Reste dieser Thermen sind heute auf dem Gelände des Jewry Wall Museums zu besichtigen. Benannt ist das Museum nach dem großen römischen Mauerstück, welches das Areal dominiert, der sog. Jewry Wall (Abb. 46). Ein Teil des Thermengebäudes ist heute vom Museum überbaut. Der Grundriss des Gebäudes ist symmetrisch: Im Osten, wo sich heute die St Nicholas Church befindet, war ein großer Sportplatz (*palaestra*). Durch großzügige Tore gelangte man von dort in den Badebereich. Die entsprechende Zwischenwand ist die Jewry Wall. Der Fußboden lag auf der Höhe der sichtbaren Durchgangsöffnungen, also höher als das Ausgrabungsgelände. Westlich der Mauer befand sich eine Reihe mit Kaltbaderäumen (*frigidaria*), flankiert von Latrinen auf beiden Seiten, gefolgt von einer Reihe von Warmbaderäumen (*tepidaria*), mit jeweils einem Umkleideraum (*apodyterium*) links und rechts. Daran schloss sich eine Reihe mit drei großen Heißbaderäumen (*caldaria*) an, in denen sich kleine halbrunde Kaltwasserpools zur Abkühlung befanden.

Im Jewry Wall Museum sind schöne Fundstücke aus den Ausgrabungen von Ratae ausgestellt, z. B. Wandmalereien aus reichen Stadtvillen oder der Kilby Hoard, ein Schatz von 140 Münzen, die zwischen den Jahren 230 und 290 geprägt wurden. Zurzeit ist das Museum, dessen Aufbereitung nicht mehr mit den modernen Römermuseen im Land mithalten konnte, aufgrund von Renovierungsarbeiten geschlossen. Angekündigt ist eine Neugestaltung mit interaktiven Elementen, die das Museum in der Zukunft sicherlich umso sehenswerter machen wird.

Abb. 47 links: Guildhall von Leicester, dahinter die Kathedrale.

Abb. 48: Leicester, Statue von Richard III.

Die imposante gotische Kathedrale und die umliegenden mittelalterlich geprägten Gässchen mit ihren Läden und Pubs ziehen jedes Jahr tausende Touristen nach Lincoln. Oft werden dabei die römischen Spuren der Stadt übersehen. So führt das nördliche Stadttor nach 1.700 Jahren immer noch Fußgänger und (moderne) Fuhrwerke in die Altstadt von Lincoln hinein.

31 LINCOLN – MITTELALTERLICHER TOURISTENMAGNET MIT RÖMISCHEN WURZELN

East Midlands

Lincolnshire

Lindum war neben Camulodunum (Colchester), Glevum (Gloucester) und Eboracum (York) eine der vier römischen Kolonien in Britannien. Zunächst wurde hier wie an vielen Orten der neu eroberten Provinz ein Militärlager errichtet, wohl von der *Legio IX Hispania*, anschließend war die *Legio II Adiutrix* hier stationiert. Als diese im Jahr 78 n. Chr. nach Deva (Chester) im Westen aufbrach, entstand eine zivile Siedlung, die zum Ende des 1. Jhs. n. Chr. in eine *colonia* umgewandelt wurde. Hier siedelten sich Veteranen der römischen Armee an und machten den Einheimischen den römischen Lebensstil schmackhaft. Lindum lag verkehrsgünstig am Ende des Fosse Ways, der quer durchs Land nach Isca (Exeter) führte, und an der Ermine Street, die Eboracum mit Londinium verband. Das nördliche Stadtviertel von Lincoln heißt heute immer noch Ermine.

Das Besondere an Lindum ist sein außergewöhnlicher Grundriss: Das ursprüngliche Militärlager war auf einem Hügel oberhalb des River Witham errichtet. Auf diesem Areal entwickelte sich auch zunächst die zivile Siedlung, und in der ersten Hälfte des 2. Jhs. wurde diese mit einer Stadtmauer umgeben. Offenbar wurde diese Einfriedung bald zu klein für die wachsende Bevölkerung, die sich auch südlich der Mauer am Hang bis hinunter zum Witham ansiedelte. Dieser untere Bereich wurde dann später, vielleicht Ende des 2. oder im 3. Jh., ebenfalls mit einer Stadtmauer umgeben, sodass Lindum eine Ober- und eine Unterstadt hatte. Die wachsende Bedeutung der Stadt zeigte sich auch darin, dass sie Anfang des 4. Jhs. im Zuge der Aufteilung Britanniens in vier Unterprovinzen Hauptstadt der Provinz Flavia Caesariensis wurde.

The Roman Trail of Lincoln https://www.visitlincoln.com/trails/roman-heritage-trail-of-lincoln

Rundgang

An vielen Ecken Lincolns sind heute noch Reste der römischen Stadt zu sehen. Es bietet sich dafür an, auf dem Parkplatz Westgate 1 East vor den Mauern des Lincoln Castle zu parken und die Spuren Lindums zu Fuß zu erkun-

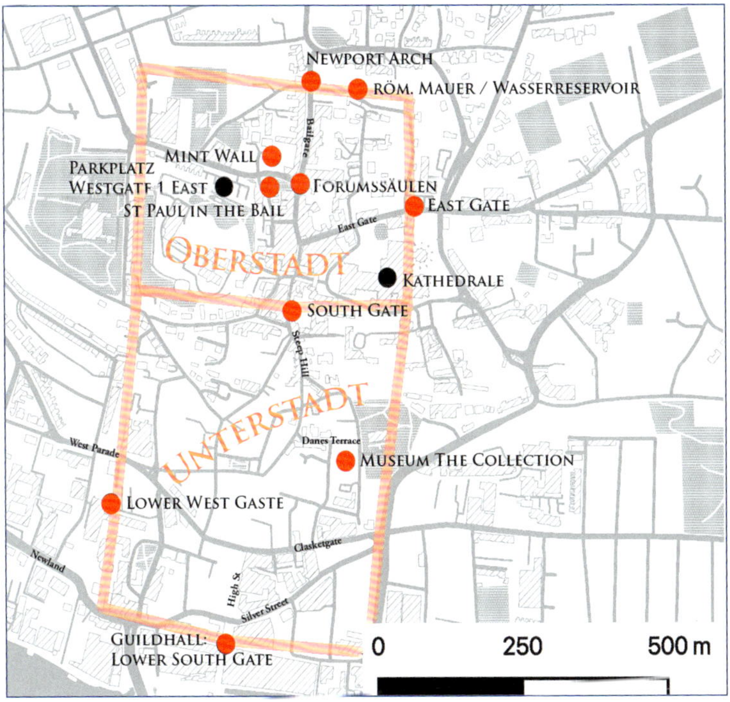

Karte 12: Lincoln, Übersichtsplan.

den. Gleich gegenüber vom Parkplatz befindet sich eine kleine freie Fläche zwischen der St Paul's Lane und Westgate. Hier ist ein ca. 14 m tiefer römischer Brunnen zu besichtigen. Er wird in die Phase des römischen Militärlagers datiert und ist damit eine der ältesten erhaltenen Bauwerke der Stadt. Als Lindum dann Ende des 2. oder Anfang des 3. Jhs. ausgebaut wurde, integrierte man den Brunnen in das neue Forum. Die Straße, die an dessen östlicher Seite entlanglief, war die Nord-Süd-Achse der Stadt (*cardo*). Sie war mit mächtigen Säulen flankiert. Einige davon sind auf der Bailgate nördlich des römischen Brunnens im Straßenpflaster markiert. An der Ecke Westgate/West Bight befindet sich direkt am Hotel „The Castle" die sog. Mint Wall (Abb. 49), die als Mauer der Forumsbasilika interpretiert wird. Am besten sieht man sie von der Rückseite des Hotels. Das imposante Stück ist 23 m lang und 7 m hoch. Die Forumsbasilika hatte in der römischen Welt in der Regel die Funktion einer Stadthalle. Hier wurden u. a. Versammlungen abgehalten und Recht gesprochen. Gegenüber von dem römischen Brunnen ist der Grundriss der Kirchen von St Paul-in-the-Bail im Boden nachgezeichnet. Kirchen deshalb, weil an dieser Stelle etwa seit dem 5. oder 6. Jh. nacheinander verschiedene Kirchen standen. Die letzte wurde 1971 abgerissen, um Ausgrabungen des römischen Forums zu ermöglichen. Die erste Kirche war aus Holz und wurde auf dem Forum errichtet. Offensichtlich wurde sie in der Zeit nach dem Abzug der Römer verwendet, was darauf schließen lässt, dass Lin-

dum weiterhin von der römisch-britischen Bevölkerung und nicht von den Angelsachsen bewohnt war.

Abb. 49 links: Lincoln, Mint Wall hinter dem Hotel „The Castle".

Ca. 150 m weiter nördlich wird die Bailgate zum Newport Court und verläuft unter dem wohl berühmtesten römischen Monument Lincolns hindurch, dem Newport Arch und ehemaligen Nordeingangstor der Stadt (Abb. 50). Dieses wurde um 200 errichtet und bestand aus einem Haupttor für Fuhrwerke und zwei kleineren zur Linken und Rechten für Fußgänger. Der Hauptbogen und das östliche Fußgängertor sind – wenn auch wesentlich niedriger als ursprünglich – erhalten und immer noch in Benutzung.

Vom Newport Arch geht ein Fußgängerweg nach Osten ab. Dort, zwischen gepflegten Gärten, ist ein Rest der nördlichen Stadtmauer zu sehen, davor ist im Gras ein Quadrat markiert. Hier befand sich ein *castellum aquae*, ein Wasserreservoir und -verteilungsbecken. Das Wasser, welches Lindum für die Befüllung der Thermen, Brunnen, Latrinen und für Privathaushalte brauchte, kam aus einer Wasserleitung aus Ton, die ca. 1,5 km nach Nordosten verlief, wo sich eine Quelle befand.

Läuft man den Weg East Bight bis zum Ende, stößt man direkt auf die Reste des Osttores der römischen Oberstadt. An dieser Stelle befand sich wahrscheinlich auch schon das Osttor des ursprünglichen Kastells, damals noch aus Holz. Zu sehen sind die Fundamente eines halbovalen Turmes, der das Tor flankierte. Er wurde etwa zur selben Zeit wie das Nordtor erbaut, um 200 n. Chr. Dieses Tor hier hatte allerdings zwei große Durchgänge für Fuhr-

Abb. 50: Lincoln, römisches Stadttor Newport Arch.

werke und war vielleicht die Hauptzufahrt in die Stadt. Es war an beiden Seiten mit identischen Türmen ausgestattet, die sich halbrund nach außen wölbten. Für Neuankömmlinge muss dieser Eingang einen beeindruckenden Anblick geboten haben.

Wendet man sich nun nach Westen, stößt man wieder auf die Bailgate. Dieser Teil von Lincoln ist wahrlich der schönste. Jahrhunderte alte Häuser stehen dicht an dicht und beinhalten Restaurants und individuelle Läden. Richtung Süden wird die Bailgate zum Steep Hill. In Nummer 44, einem Geschäft, sind einige Reste des oberen Stadttores zu sehen, das die Ober- mit der Unterstadt verband.

The Collection
Danes Terrace,
Lincoln LN2 1LP
https://thecollection-museum.com

Ein Abzweig in das Danesgate führt weiter den Berg hinunter zum Museum „The Collection", in dem in einer gelungenen kleinen Ausstellung prähistorische und römische Funde der Region zu sehen sind. Etwa 400 m südwestlich befindet sich auf dem Beaumont Fee Car Park der Rest des westlichen Stadttores der Unterstadt. Die Angestellten der Bezirksregierung passieren es jeden Tag auf dem Weg zur Arbeit. Dieses Tor hatte im Gegensatz zum Westtor der Oberstadt eckige Türme. Es wurde wahrscheinlich bis ins 11. Jh. weiter als Stadttor benutzt.

Die letzte Station ist die Guildhall im Herzen der kommerziellen Fußgängerzone. In das pittoreske Gebäude aus dem 16. Jh. ist der Stonebow integriert, der als Stadttor diente. Man geht davon aus, dass sich genau an dieser Stelle bereits zu römischer Zeit das südliche Eingangstor der Unterstadt befand.

Abb. 51: Lincoln, Reste des Osttores der römischen Oberstadt.

Schafe, soweit das Auge reicht. Im Hintergrund die Ausläufer der walisischen Berge. Die Hauptstadt der Kornen, einer der größten Orte im römischen Britannien, hört heute das Gras von unten wachsen. Eine Mauer aber, „The Old Work", hält seit fast zwei Jahrtausenden die Stellung und erinnert an die einstige Metropole.

32 WROXETER – DIE LETZTE MAUER DER KORNEN

West Midlands

Shropshire

Wie die meisten römisch-britischen Städte ging auch die Stadt Viriconium aus einem Militärlager hervor, das hier in der Mitte des 1. Jhs. n. Chr. nach der römischen Invasion errichtet wurde. Vor dem Eintreffen der Römer lebten in dieser Gegend die Kornen, wahrscheinlich in einem Hill Fort auf dem Hügel Wrekin östlich von Wroxeter. Das Gelände, auf dem das Kastell errichtet wurde, war Teil einer damals bereits mindestens 1.500 Jahre alten Kulturlandschaft, die ursprünglich durch Rodungen in der Bronzezeit entstanden ist und bewirtschaftetes Farmland enthielt. Brandspuren auf dem Wrekin Hill Fort lassen die Vermutung zu, dass die Kornen sich zunächst den Besatzern widersetzten und dass diese ihre Stadt niederbrannten. Der Widerstand legte sich aber offenbar in den darauffolgenden Jahren, denn nachdem die römischen Truppen das Lager in den 80er-Jahren des 1. Jhs. n. Chr. verlassen hatten, durften die Kornen sich dort niederlassen und ihre neue Hauptstadt nach römischem Recht errichten. Aus der Erwähnung einer Schreibtafel aus Vindolanda ist der Name „Viriconium" überliefert. Wie bei anderen *civitas*-Hauptstädten auch wurde der Name des ansässigen Stammes hinzugefügt und so hieß die Stadt fortan Viriconium Cornoviorum. Die meisten Bewohner waren sicher Einheimische, doch vielleicht gab es auch Veteranen der römischen Armee. Einen Hinweis darauf gibt eine etwas nördlich von Wroxeter entdeckte Farm aus römischer Zeit, deren Felder jeweils die Größe von einem römischen Morgen (ca. 5.000 m^2) haben.

Die Fläche der Stadt dehnte sich im Laufe des 2. Jhs. auf das Vierfache des ursprünglichen Kastells, ca. 78 ha, aus. Bei einer archäologischen Untersuchung konnten 250 verschiedene Gebäude ausgemacht werden, die unter den umliegenden Feldern begraben liegen.

Sichtbar sind heute nur die Thermen im Zentrum der antiken Stadt aus dem 2. Jh. Diese sind in einer sehr gepflegten Anlage für Besucher zugänglich gemacht. Der Thermenkomplex hat einen fast quadratischen Grundriss. Den größten Teil nehmen im Südosten die eigentlichen Baderäume ein. Nördlich daran schließt sich eine große Basilika an, westlich die Latrinen, Läden und eine kleine Markthalle. Dominiert wird das Gelände von einem 7 m hohen, imposanten Mauerabschnitt, der traditionell „The Old Work" genannt wird

(Abb. 52). Diese Mauer verband den Badebereich mit der großen Basilika. Man kann hier gut das typisch römische *opus mixtum* erkennen. In den regelmäßigen kleinen Löchern in der Wand steckten bei der Errichtung der Mauer Holzbalken, an denen ein Baugerüst befestigt war. Sie wurden anschließend mit Mörtel verfüllt und die Wand verputzt. Musste die Wand repariert werden, konnte man den Mörtel entfernen und die Löcher wiederverwenden. Die Wand bildete gleichermaßen die südliche Mauer der angrenzenden Basilika. Dieses mächtige, bis zu 18 m hohe längliche Gebäude war mit zwei Säulenreihen im Innern ausgestattet, sodass der Grundriss an eine dreischiffige Kirche erinnert. Hier wurde allerdings wohl nicht gebetet, sondern Sport getrieben. Normalerweise verfügten Thermen über eine *palaestra*, einen Sportplatz im Freien. Das feuchtkalte Klima in Britannien verleitete die Bauherren aber offenbar dazu, stattdessen eine überdachte Sporthalle zu errichten. Im Osten der Halle befanden sich die Umkleideräume (*apodyteria*) für das Bad. Die Ausstattung des Badekomplexes entsprach derjenigen anderer Bäder im römischen Britannien. In zwei der größten Räume, dem *tepidarium* und dem *caldarium*, sind Teile der Hypokaustenheizung erhalten. Im westlichen Bereich des Komplexes befanden sich direkt unterhalb der Basilika die Latrinen und zwei fast quadratische Räume, in denen sich die Badegäste vielleicht Erfrischungen kaufen konnten. Südlich davon stand eine kleine Markthalle. Darin waren zu drei Seiten zehn kleine Läden, die um einen Innenhof arrangiert waren, der sich zur Straße hin öffnete. Es gab auch eine Treppe, die in ein zweites Geschoss führte.

Westlich der Thermenanlage verläuft die moderne Straße auf der Watling Street, die von Norden nach Süden durch das Stadtgebiet führte. Auf der anderen Straßenseite sind in einem Graben Reste einer Säulenreihe erkennbar. Diese flankierte den östlichen Rand des Forums, das sich direkt an die Thermen anschloss. Statt eines ausgegrabenen Forums ist an dieser Stelle heute ein rekonstruiertes römisch-britisches Stadthaus zu sehen. Es wurde im Jahr 2010 im Rahmen der TV-Sendung *Rome Wasn't Built in a Day* ausschließlich mit Werkzeugen und Materialien der damaligen Zeit erbaut. Als Vorbild dient ein Haus, das 1913/14 in Wroxeter ausgegraben wurde.

Abb. 52 links: Wroxeter, Blick auf den Mauerrest „The Old Work".

Literatur:

Roger H. White: Wroxeter Roman City. London 2016 (English Heritage Guidebooks).

Aldborough ist ein Bild von einem englischen Dorf, wie man es aus Rosamunde Pilcher oder Inspektor Barnaby kennt. Es liegt gleich neben der Nord-Süd-Autobahn A1, und diese verkehrsgünstige Lage hat 1.900 Jahre Tradition: Bereits in römischer Zeit führte durch den Ort die Nord-Süd-Achse des nördlichen Britannien, die Dere Street.

33 ALDBOROUGH – RÖMISCHE MAUERN ERKUNDEN ZWISCHEN ENGLISCHEN GÄRTEN

Yorkshire and The Humber

North Yorkshire

Der römisch-britische Ort Isurium, wahrscheinlich hervorgegangen aus einem römischen Kastell auf der Höhe des unweit gelegenen Ortes Roecliff, etablierte sich offenbar bald nach dem Ausbau der Dere Street in den 70er-Jahren des 1. Jhs. n. Chr. zu einer größeren Siedlung. Hier konnte man sich auf dem Weg in den noch nicht so gut erschlossenen Norden mit Vorräten eindecken. Zwei Schreibtafeln aus Vindolanda (s. Nr. 47) enthalten Listen mit Einkaufsausgaben, die in Isurum getätigt wurden, u. a. für Wein. Es ist also gut vorstellbar, dass sich hier Händler ansiedelten, die Profit aus dem Durchreiseverkehr zwischen Nord und Süd schlugen. Wahrscheinlich spätestens im Laufe des 2. Jhs. wurde Isurium zur Hauptstadt der im Nordosten Englands ansässigen Briganten und somit fortan Isurium Brigantum genannt. „Isurium“ bezieht sich möglicherweise auf den keltischen Namen des Flusses Ure, der nördlich an Aldborough vorbeifließt.

Isurium ist bis auf wenige sichtbare Reste vollständig unter dem modernen Aldborough begraben. Obwohl bereits im 18. Jh. römische Mauern im Zentrum des Ortes freigelegt wurden, blieben Ausmaße und Strukturen der römischen Stadt seitdem im Dunkeln. Erst eine umfassende Erforschung mit geophysikalischen Untersuchungen der Cambridge University im Jahr 2009 brachte neue Erkenntnisse. Seitdem ist zumindest der Grundriss der Stadtmauern, die im späten 2. oder frühen 3. Jh. erbaut wurden, mitsamt ihren vier Toren bekannt, sowie zu großen Teilen das Straßenlayout der Stadt. Dieses war nach römischem Plan typisch rechteckig angelegt, der moderne Straßenverlauf folgt heute noch teilweise dem römischen: Die Front Street entspricht bis zur Kirche dem *cardo*, die Low Road dem *decumanus*. Belegt werden konnte außerdem ein Amphitheater südöstlich der Mauern, das heute als Unebenheit auf einer Wiese kaum noch erkennbar ist.

Kurz hinter dem Ortseingang an der Front Street befindet sich ein archäologischer Park, in dem kleine Abschnitte der südlichen Stadtmauer, ein Meilenstein sowie einige kleine Mosaike zu besichtigen sind. Besonders im Sommer ist ein Spaziergang über das schattige Gelände herrlich, umgeben von Bäumen und Kühen, den beschaulichen Häuschen und gepflegten Gärten Aldbo-

Abb. 53 rechts: Aldborough, Bergahorn in der Dorfmitte.

Abb. 54: Aldborough, Blick vom archäologischen Park auf die Dorfkirche.

roughs. Auch ein Gang zur Dorfkirche lohnt sich, die wahrscheinlich auf dem römischen Forum steht. Hier kann man den archäologischen Rundgang mit einem Sandwich unter dem wunderschönen alten Bergahorn ausklingen lassen (Abb. 53).

Literatur:

English Heritage (Hrsg.): Aldborough Roman Town. London 2016.

Guy de la Bédoyère: Roman Britain. A new history. London 2013, 92f., 135.

Im mittelalterlich geprägten York spuken die Geister der Römer. Zuletzt sah im Jahr 1958 ein junger Klempner im Keller des Treasurer's House römische Soldaten aus der Wand schreiten. Ein solch enges Verhältnis zu den Vorfahren spiegelt sich auch im Siegel von York wider: *Civitas Novi Eboraci* („Stadt des neuen Eboracum").

34 YORK – BRITANNIENS KAISERLICHE RESIDENZSTADT

Yorkshire and The Humber

North Yorkshire

Die römisch-britische Stadt Eboracum war eine von vier *coloniae* (Kolonien) und wahrscheinlich die größte Stadt im nördlichen Britannien. Hervorgegangen ist sie aus einem Kastell, das im Jahr 71 n. Chr. unter dem Statthalter Quintus Petillius Cerealis als Ausgangspunkt für das weitere Vordringen in den Norden errichtet wurde, mit dem Ziel, gegen die Briganten vorzugehen. Das frühe Kastell, das aus einer Wall- und Grabenanlage mit Holzpalisaden bestand, umfasste etwa 20 ha (das entspricht 50 Fußballfeldern) und bot damit Platz für bis zu 6.000 Fußsoldaten. Es ist aber durchaus wahrscheinlich, dass es sich dabei nicht um das von Cerealis errichtete, sondern um ein Nachfolgekastell handelt, das unter dem Statthalter Agricola (reg. 78–85 n. Chr.) erbaut wurde. Um das Jahr 120 besuchte Kaiser Hadrian Eboracum auf dem Weg in den Norden, wo er den Hadrianswall erbauen ließ. Zu diesem Zeitpunkt waren die Befestigungsanlagen bereits seit zwölf Jahren in Stein umgewandelt und es hatte sich eine beachtliche zivile Siedlung südwestlich des Kastells zu beiden Seiten des River Ouse gebildet. Ab dem Jahr 122 wurde Eboracum dann neues Hauptquartier der *Legio VI Victrix*, die in den folgenden Jahren mit einigen Abteilungen am Bau des Hadrianswalls beteiligt war. Als Britannien im Jahr 197 unter Kaiser Septimius Severus (reg. 193–211) in zwei Provinzen eingeteilt wurde, wurde Eboracum zur Hauptstadt der Provinz Britannia Inferior. In diesem Zuge wurde es wahrscheinlich auch zur *colonia* erhoben. Severus machte Eboracum ab dem Jahr 208 zum Ausgangspunkt für einen Feldzug nach Caledonia (dem heutigen Schottland), um dort die Pikten zu unterwerfen. Er war bereits ein alter Mann und konnte an einem erneuten Feldzug im Jahr 210 schon nicht mehr teilnehmen. 211 starb er dann in Eboracum. Um das Jahr 296 wurde die Befestigungsanlage von Eboracum unter Constantius I. (reg. 293–306) erneuert und mit mächtigen Wehrtürmen versehen. Im Jahr 305 kam er nach Britannien, ebenfalls um gegen die Pikten vorzugehen. Wie Severus starb auch er in Eboracum. Nach seinem Tod im Jahr 306 wurde sein Sohn Konstantin in Eboracum vom Militär zum neuen *Augustus* ausgerufen. Er ging als Konstantin der Große in die Geschichte ein und war der Kaiser, der das Christentum anerkannte und der Konstantinopel (das heutige Istanbul) im Jahr 324 als neue Hauptstadt des Römischen Reiches unter seiner alleinigen Herrschaft gründete.

Rundgang

Das römische Kastell befand sich auf dem Areal der Innenstadt von York. Obwohl es viele Grabungen gegeben hat, weiß man nicht allzu viel über das Innenleben des Kastells und die daraus entstandene römisch-britische Stadt. Beispielsweise vermuten die Archäologen einen Kaiserpalast, da Eboracum von mehreren römischen Kaisern besucht und zeitweise bewohnt wurde. Ein solches Gebäude konnte aber noch nicht entdeckt werden.

York Museum Gardens
Museum Gardens,
York YO1 7FR
https://www.yorkmuseumgardens.org.uk/

An mehreren Stellen in York kann man heute noch Reste von Eboracum sehen. Es bietet sich dafür an, mit einem Besuch im Yorkshire Museum und den Museum Gardens zu beginnen. Während im Museum Funde aus Eboracum zu besichtigen sind, befindet sich zwischen dem Museumsgebäude und der Stadtbibliothek das am besten erhaltene Stück Eboracum: die westliche Ecke des Kastells, der sog. Multangular Tower. Der Name bezieht sich auf den zehneckigen Grundriss des Turmes. Der obere Abschnitt unterscheidet sich deutlich vom unteren, da er im Mittelalter hinzugefügt wurde. Unterhalb ist

Karte 13: York, Übersichtsplan.

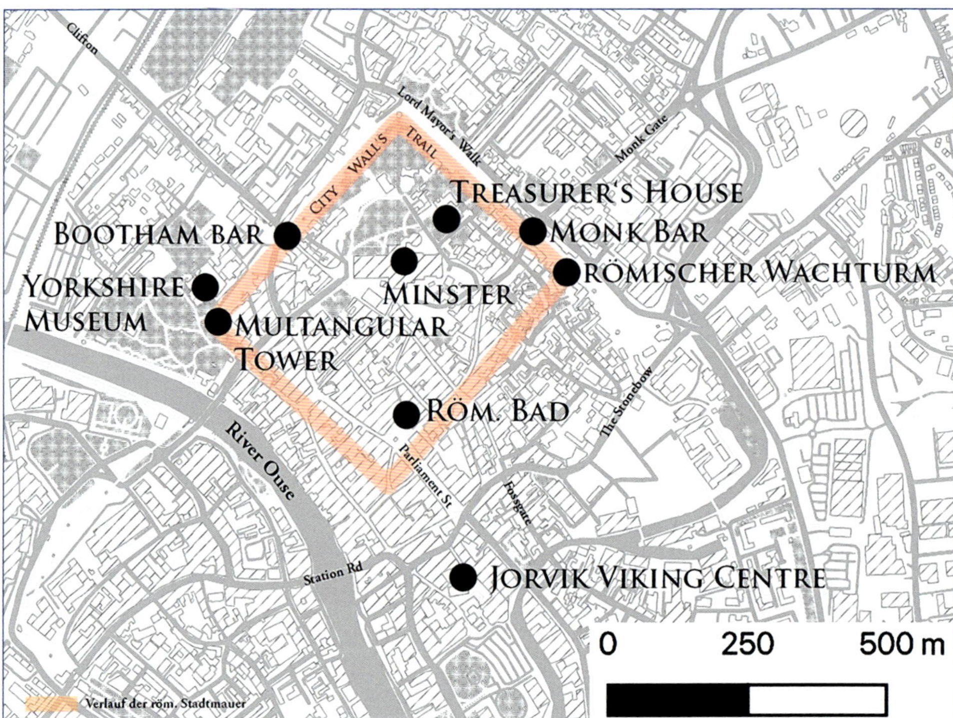

aber die Orginalbausubstanz vom Ende des 3. Jhs. sichtbar. In seinem Innern befinden sich einige römische Sarkophage. Zu beiden Seiten des Turmes erstrecken sich gut erhaltene Abschnitte der spätrömischen Befestigungsmauer.

Nur ein kleines Stück weiter nördlich befindet sich am St Leonard's Place schräg gegenüber vom Pilot Theatre ein weiteres Stück der römischen Mauer (Abb. 55). Nach wenigen Metern in nördlicher Richtung erreicht man dann das mittelalterliche Stadttor Bootham Bar. An dieser Stelle befand sich das westliche Eingangstor im Norden des römischen Kastells. Hier kann man zum City Wall's Trail hinaufsteigen, der auf der Mauer über die nördliche Ecke des Kastells bzw. der Stadtmauer bis zum östlichen Stadttor Monk Bar führt. Der Weg führt von hier noch weiter auf der Mauer entlang und etwa 80 m hinter der Monk Bar ist direkt südlich unterhalb der Mauer der Rest des römisches Wachturmes an der östlichen Ecke des Kastells zu sehen. Schaut man von der Mauer aus nach rechts, sieht man die Reste eines weiteren Turmes. Diese beiden Türme sind etwa 100 Jahre älter als jener auf der anderen Seite des Kastells. Das Mauerwerk an dieser Stelle ist ebenfalls noch römisch und am besten sichtbar, wenn man von

Abb. 55: York, Rest der römischen Stadtmauer gegenüber vom Pilot Theatre.

Abb. 56: York, moderne Statue von Konstantin dem Großen vor der Kathedrale.

Literatur:

Guy de la Bédoyère: Roman Britain. A new history. London 2013, 63f., 135.

Roger J. A. Wilson: A guide to the Roman remains in Britain. London 1975, 204–210.

der Monk Bar innen neben der Mauer entlanggeht. Von hier kann man nun zum Minster spazieren, in dessen Keller die Reste römischer Kasernen sowie eine Ausstellung über das römische York zu besichtigen sind. Vor der Kathedrale steht eine mächtige römische Säule, die unter dem südlichen Querschiff gefunden wurde. Sie gehört wahrscheinlich zum Hauptquartier (*principiae*) des römischen Kastells. Gleich daneben ist eine moderne Bronzestatue aufgestellt, die einen sehr lässigen Kaiser Konstantin auf einem Thron darstellt (Abb. 56). Zuletzt gibt es in einem kleinen improvisierten Museum unter dem Pub „Roman Bath" am St Sampsons Square die Reste einer Thermenanlage zu besichtigen (Abb. 57).

Wikingermuseum

Jorvik Viking Centre
19 Coppergate,
York YO1 9WT
https://www.jorvikvikingcentre.co.uk/

Verpassen sollte man in York außerdem nicht das Jorvik Viking Centre, ein archäologisches Museum mit Eventcharakter, in dem *in situ* unterirdisch ein Wikingerdorf entsprechend der archäologischen Funde rekonstruiert wurde. Das Museum besteht schon seit 1984, wurde aber 2017 mit mehreren Millionen britischen Pfund generalüberholt und wartet nun mit einer Erlebnisbahn, der „Time Machine", auf, die einen das mittelalterliche Dorfleben nicht nur sehen und hören, sondern auch riechen lässt (und damals roch es nicht besonders gut!).

Abb. 57: York, Pub „Roman Bath" am St Sampsons Square, im Keller sind die Reste einer römischen Thermenanlage zu besichtigen.

Das römische Kastell Vinovia ist weitestgehend verschwunden. Und doch existiert es in Binchester und seiner Umgebung weiter, denn seine Steine sind in vielen der alten Farmhäuser, in den Grenzzäunen auf den Feldern, ja sogar in der Kirche im nahe gelegenen Escomb verbaut.

35 BINCHESTER – RÖMISCHES KASTELL MIT NEUEN ENTDECKUNGEN

North East England

Durham

Fast schon versteckt hinter einer modernen Ruine liegen die Überreste des römischen Kastells von Binchester. Der römische Name war wohl Vinovia. Im Zuge der Militärkampagne des Agricola gegen die Briganten wurde das erste Lager an dieser Stelle im Jahre 79 n. Chr. gebaut. Es sollte den Übergang über den Fluss Wear sichern. Da dieser Übergang für die römische Straße in den Norden, die Dere Street, auch weiterhin genutzt wurde, entstand hier ein festes Kastell, welches in der gesamten römischen Zeit Britanniens genutzt wurde. Das erste Kastell war mit einer Fläche von ca. 7 ha außergewöhnlich groß für die Unterbringung von Hilfstruppen und konnte bis zu 2.000 Fußsoldaten beherbergen. Erst 80 Jahre nach der ursprünglichen Errichtung wurde es umgebaut und auf etwa 4,5 ha verkleinert. Die sichtbaren Reste des Kastells stellen nur einen winzigen Bruchteil der ursprünglichen Größe dar. Nördlich und südlich schloss sich außerdem ein großer *vicus* entlang der Dere Street an. Der heute so ruhige Ort hat also vor 1.800 Jahren vor Leben gesprüht.

Obwohl das Kastell seit dem 16. Jh. bekannt ist, wissen wir erstaunlich wenig darüber. Erst eine große geophysikalische Untersuchung aus dem Jahr 2004, die sich über fast 5 ha ausdehnte, zeigte das außerordentlich große archäologische Potenzial des Platzes. Nicht zuletzt die mediale Begleitung archäologischer Untersuchungen durch das Fernsehen sorgte für eine größere Aufmerksamkeit. So ist Vinovia heute ein Ort aktiver Grabungstätigkeit, deren Ende nicht abzusehen ist. Daher ist der Besuch im Binchester Roman Fort auch zweigeteilt: Einerseits besucht man die lange ausgegrabene und mit einem Schutzbau versehene Badeanlage, bei der es teilrekonstruierte Räume zu bewundern gibt. Besonders eindrücklich ist hier die vollständig erhaltene Hypokaustenheizung unter dem *tepidarium*. Außerhalb des Schutzgebäudes gibt es die immer noch in Reih und Glied liegenden, wenn auch etwas verwitterten Fußbodenplatten der sich an das Bad anschließenden *palaestra* zu sehen, außerdem weitere Fundamente von Gebäuden im Umfeld des Bades und ein Stück des antiken Straßenbettes.

Andererseits kann man auch ganz neue Forschung entdecken. Geschützt von einer großen Zeltkonstruktion ist die aktuelle Grabung für die Öffentlichkeit

Abb 58: Abendstimmung nordwestlich von Binchester.

zugänglich. Hier befindet sich ein weiteres Badehaus. Einige Tafeln geben eine grobe Übersicht über den Forschungsstand. Der Reiz hier liegt aber darin, zum Mitentdecker zu werden und sein eigenes archäologisches Auge schweifen zu lassen. Ist das dort eine Hypokaustenheizung? Welche Bauphasen kann ich erkennen? Die noch nicht vorhandene museale Aufarbeitung ist doch zwischendurch ganz befreiend. Ohne Textbuch kann man hier Archäologie selbst improvisieren.

Literatur

Durham County Council (Hrsg.): Binchester Roman Fort. Durham 2017.

Das hübsche Dorf Piercebridge hat heute kaum mehr als 100 Einwohner. Zu römischer Zeit kreuzte hier die Hauptverkehrsachse, die den Süden Englands mit dem Hadrianswall im Norden verband, den Fluss Tees. Zuerst entstand eine Brücke, dann eine Siedlung und schließlich ein mächtiges Kastell.

36 PIERCEBRIDGE – DIE RÖMISCHE BRÜCKE HINTER DEM PUB

North East England

Durham

Geschichte

Das Gebiet um Piercebridge gehörte zur Zeit der römischen Invasion den Briganten, die im Nordosten Englands ansässig waren. Sie wurden im Jahr 72 n. Chr. bezwungen und der Norden wurde mit einer neuen römischen Infrastruktur ausgestattet. In diesem Zuge wurde auch die Dere Street errichtet, die von Eboracum (York) direkt nach Norden führte und später zur verlängerten Hauptachse zwischen dem Süden Englands und dem Hadrianswall wurde. Den schnurgeraden Verlauf der römischen Straße kann man auf der Landstraße B6275, die durch Piercebridge führt, gut nachvollziehen. Sie kreuzte hier den Fluss Tees (Abb. 59), zunächst auf einer Holzbrücke, die ungefähr hinter dem Pub „The George" verlief (Abb. 3). Ein Kastell zur Überwachung dieses Übergangs wurde bisher nicht gefunden.

Zu Beginn des 2. Jhs. war dann ein Straßendorf (*vicus*) nördlich der Brücke entstanden und ein villenartiges Gebäude etwa 1.200 m südöstlich, wo sich heute die Holme House Farm befindet. Diese Siedlung wuchs im Laufe des

Abb. 59: Piercebridge, Blick von der modernen Brücke nach Osten, wo sich die erste hölzerne Brücke befunden hat.

2. Jhs. Um das Jahr 200 wurde dann eine neue Brücke etwa 200 m weiter östlich erbaut, diesmal aus Stein. Die nahe Villa ist um diese Zeit verlassen worden. Diese Entdeckungen sprechen dafür, dass der Fluss Tees zunehmend unbeständig und das Gebiet südlich des Flusses überflutet wurde. Vielleicht wurde die Holzbrücke weggespült. Erst um das Jahr 260 wurde im Westen des *vicus* ein nachweisbares Kastell errichtet, dessen Spuren heute noch sichtbar sind. Möglicherweise handelt es sich um das Kastell mit dem Namen Morbium, das in dem um das Jahr 700 entstandenen Ortsverzeichnis *Ravennatis Anonymi Cosmographia* verzeichnet ist. Die Errichtung des neuen Kastells bedeutete für die ansässige Bevölkerung einen großen wirtschaftlichen Aufschwung, denn die Soldaten brauchten Waren für den Alltag, Kleidung etwa, oder Dienstleistungen wie Schuhmacher und Hufschmiede.

Rundgang

Das Kastell ist heute fast vollständig von dem modernen Dorf bedeckt. Deshalb konnten bis jetzt nur zwei Ausschnitte der östlichen Mauer sowie Reste der zweiten Brücke über den Fluss Tees freigelegt werden. Am besten parkt man am Pub. In der östlichen Ecke des Parkplatzes befindet sich eine Informationstafel, hinter der man über eine Holzstiege auf die andere Seite eines Zaunes gelangt. Dort beginnt der etwa 200 m lange Weg, der zu den Resten der Brücke führt. Das Brückenfundament liegt nun mitten in einem Feld, früher aber war der Wasserstand höher. Zu sehen ist der südliche Brückenpfeiler, erbaut aus mächtigen Steinquadern, die bis zu 1,5 m dick sind. Zwei Reihen sind erhalten, aber wahrscheinlich war dieses Fundament noch um einiges höher. Vorhanden ist auch noch das Brückenbett, auf dem der Pfeiler errichtet wurde. Diese Pflasterung war notwendig, um den Pfeilern festen Halt im Wasser zu geben. Das Flussbett ist voller Kiesel und ohne eine zusätzliche Befestigung wäre wohl auch diese Brücke schnell weggespült worden. Die Steine von zwei weiteren Pfeilern sind heute noch erkennbar, demnach war die Brücke ursprünglich etwa 200 m lang. Das Straßengerüst auf den Steinpfeilern bestand wahrscheinlich aus Holz.
Geht man den Weg nun zurück, vorbei am Pub und über die moderne Brücke (Abb. 60), führt direkt vor dem ersten Gebäude auf der rechten Seite ein Pfad zu den Resten des Kastells. Zur Rechten befindet sich ein großes Feld, unter dem der *vicus* begraben liegt. Nach etwa 100 m gelangt man durch ein hölzernes Gatter zur Linken zu einem ausgegrabenen Ausschnitt des östlichen Kastells. Man steht nun auf der Straße, die durch das östliche Tor in das Kastell führte. Frontal sieht man Reste des Tores, zur Linken Teile der beiden Verteidigungsgräben, die rundherum liefen. Die Mauern waren 3 m dick und wahrscheinlich bis zu 6 m hoch. Bei Gefahr konnten die Dorfbewohner hier Schutz suchen.

Parallel zur Mauer verlief im Innern des Kastells eine Straße, die von einem Abwasserkanal begleitet wurde. Dieser ist heute noch sehr eindrücklich inklusive einiger Abdeckplatten erhalten. Die Mauerreste hinter dem Kanal gehören zu einem großen, ca. 60 x 70 m messenden Gebäude mit einem Innenhof und einem Badehaus, das schon vor dem Bau des Kastells, etwa seit dem Jahr 200, hier stand. Es wurde dann in das Kastell integriert und vielleicht als *praetorium* genutzt. Im Süden dieses Gebäudes befanden sich die Thermen. Man kann heute noch sehr gut die – damals unterirdischen – Kanäle sehen, durch die die warme Luft getrieben wurde, die von unten die Fußböden erhitzte.

Geht man zurück zum Weg und folgt diesem weiter nach Norden, erreicht man die nordöstliche Ecke des Kastells, wo sich die Latrinen befanden. Die Ruinen befinden sich auf einem Bauernhof, aber von Weitem kann man gut den gebogenen Grundriss erkennen. Entlang der halbrunden Wand befand sich eine Art Holzbank mit 28 bis 30 Toilettensitzen, darunter verlief eine Abwasserrinne. Vor den Füßen der Sitzenden befand sich eine weitere Wasserrinne, in der man seinen persönlichen Reinigungsschwamm, der an einem Stock angebracht war, ausspülen konnte, nachdem man sich gesäubert hatte.

Literatur:

P. R. Scott: Guide to the visible remains of Roman Piercebridge. o. O. 2017.

Guy de la Bédoyère: Roman Britain. A new history. London 2013, 41–43.

Abb. 60: Piercebridge, moderne Brücke über den River Tees.

Der Steinkreis Castlerigg im Lake District außerhalb des Ortes Keswick ist einer der am schönsten und dramatischsten gelegenen Steinkreise in England. Er befindet sich auf einem Plateau, von dem aus man einen herrlichen Blick auf die Berge Helvellyn und High Seat hat.

37 CASTLERIGG STONE CIRCLE – ATMOSPHÄRISCHER STEINKREIS MIT AUSSICHT

Nort West England

Cumbria

Der Steinkreis von Castlerigg (Abb. 61) befindet sich auf einem Plateau, das eigens für seine Errichtung eingeebnet wurde. Sein Durchmesser beträgt ca. 33 m an der breitesten Stelle. Die erhaltenen Steine sind unbearbeitet und unterschiedlich groß, einige bis zu 3 m hoch. Es sind um die 40 Steine. Über die genaue Anzahl ist man sich uneinig, weil es kleinere zwischen größeren Steinen gibt, bei denen man sich nicht sicher ist, ob sie ursprünglich zum Steinkreis gehörten oder nur als Stütze für die größeren Steine dienten. Zwei besonders große massige Steine flankieren einen ca. 3 m breiten Durchgang, der ursprünglich wahrscheinlich als Portal der Stätte gedient hat. Innerhalb des Kreises befinden sich zehn weitere, in einem groben Rechteck

Abb. 61: Castlerigg Stone Circle, Blick durch das Eingangs-Portal nach Süden

angeordnete Steine, deren Zweck unbekannt ist. Eine genaue Datierung des Steinkreises gibt es nicht, man vermutet aber, dass er irgendwann zwischen dem 4. und dem 3. Jt. v. Chr., also in der Jungsteinzeit oder der frühen Bronzezeit erbaut wurde.

Castlerigg ist von derselben Machart wie der Steinkreis King's Men der Rollright Stones (s. Nr. 9) in Südengland. Da solche Steinkreise im Lake District aber häufiger vorkommen als im Süden, vermuten Archäologen, dass die Erbauer der King's Men aus diesem nördlichen Bereich Englands stammten.

Beschrieben wurde Castlerigg erstmals von dem Altertumswissenschaftler William Stukeley (1687–1765), der ganz England auf der Suche nach prähistorischen Monumenten bereiste. Man könnte ihn als einen der ersten Archäologen bezeichnen, obwohl es diese als Wissenschaft erst seit dem 19. Jh. gibt. Stukeley führte Ausgrabungen durch und erstellte bereits Profile, d. h. Längsschnitte des Bodens, aus denen man verschiedene Erd- und Besiedlungsschichten ablesen kann. Nach der Entdeckung des Steinkreises durch Stukeley wurde dieser als Ausflugsziel regelrecht berühmt, die atmosphärische Lage passte freilich gut zur Romantik des 19. Jh. Der Touristenandrang brachte aber auch Vandalismus mit sich, Besucher schlugen Stücke der Steine ab, um sie als Souvenir mit nach Hause zu nehmen. Aus diesem Grund wurde Castlerigg 1882 in den Ancient Monuments Protection Act aufgenommen und damit zu einem der ersten gelisteten antiken Monumente in England.

Zu diesem römischen Kastell am westlichen Rand des Lake Districts führt die steilste Straße Englands über den Hardknott Pass. Dieser liegt zwar nur auf 393 m Höhe, aber man kommt sich aufgrund der kargen Landschaft und der schmalen Serpentinenstraße ein bisschen vor wie in den Alpen.

38 HARDKNOTT – RÖMISCHES KASTELL IM ENGLISCHEN ‚HOCHGEBIRGE'

Nort West England

Cumbria

Das Kastell Mediobogdum wurde im frühen 2. Jh. unter Kaiser Hadrian erbaut, aber wohl zunächst nur sporadisch genutzt. Im späten 2. Jh. wurde es dann wiederbesetzt, wahrscheinlich von der *Cohors IV Delmatarum*, einer Auxiliartruppe.

Noch erkennbar sind innerhalb der Befestigungsmauern die Bauten, die typisch für die Kastelle in Nordengland und vor allem am Hadrianswall sind: Im Zentrum befand sich das Hauptverwaltungsgebäude (*principia*). Es war um einen kleinen Innenhof arrangiert und hatte eine große Halle, an deren nordöstlichem Ende sich ein Tribunal befand, eine Plattform, von der aus der Befehlshabende etwa die Tagesordnung verkünden oder Reden halten konnte. Im Gebäude befand sich ebenfalls ein kleines Heiligtum (*aedes*), in dem viel-

Abb. 62: Hardknott Pass östlich vom römischen Kastell.

Abb. 63: Blick auf das Tal des River Esk westlich vom Hardknott Roman Fort.

leicht die Standarte, ein Bildnis des amtierenden Kaisers und ein Altar gestanden haben. Nordöstlich davon sind noch die Grundrisse zweier Getreidespeicher (*horrea*) erkennbar, im Südwesten ein Flügel des Prätoriums. Das Kastell verfügte ebenfalls über ein kleines Badehaus außerhalb der Mauern im Südosten, das die klassischen Räume – *tepidarium*, *caldarium*, *frigidarium* – und sogar ein *laconium*, einen saunaartigen Schwitzraum, enthielt. Man kann sich vorstellen, wie wohltuend ein Nachmittag im Badehaus nach einer Patrouille in den Bergen oder einem Vormittag auf dem Exerzierplatz sein musste. Diesen gab es in Hardknott nämlich auch, erkennbar etwas weiter den Hang hinauf im Osten als mehr oder weniger ebene Plattform.
Die Außenmauern des Kastells stehen nicht mehr besonders hoch und die obersten Steine wurden in moderner Zeit daraufgesetzt. Man kann aber noch deutlich die vier Eingangstore und die rechteckigen Türmchen an den Ecken innerhalb der Mauern erkennen.

Am Rande des verschlafenen Küstenstädtchens Maryport befindet sich das Senhouse Museum, pittoresk gelegen über den Klippen und mit weitem Blick über den Meeresarm Solway Firth. Das Gebäude verfügt über eine einzigartige Architektur und wurde im Jahr 1885 als Übungsplatz für die Reservebatterie der britischen Marine erbaut. Heute sind die Funde des Kastells Alauna hier ausgestellt.

39 MARYPORT – EIN GLIED IM VERLÄNGERTEN ARM DES HADRIANSWALLS

Nort West England

Cumbria

Auf der Weide oberhalb des Senhouse Museums stand in römischer Zeit das Kastell Alauna. Grabsteine deuten darauf hin, dass es bereits Ende des 1. Jhs. n. Chr. errichtet wurde, vielleicht als Vorratslager für das neue Kastell in Carlisle. Als in den 120er-Jahren der Hadrianswall errichtet wurde, baute man Alauna zu einem Kastell aus Stein aus. Es diente nun als einer der zahlreichen Militärstützpunkte, die Kaiser Hadrian an der nordwestlichen Küste als Küstenverlängerung des Hadrianswalls erbauen ließ. Ca. 4 km nördlich vom Senhouse Museum befindet sich an der Küstenstraße das nächste dieser kleinen Kastelle, das Milefortlet 21, dessen Reste man besichtigen kann. Außerhalb von Alauna entstand eine zivile Siedlung, wohl eine der größten in der Nähe des Hadrianswalls. Obwohl weder von der Siedlung noch vom Kastell selbst sichtbare Reste vorhanden sind – die Umrisse des Kastells heben sich nur leicht in dem Feld oberhalb des Museums ab – hat das Senhouse Museum eine sensationelle Sammlung römischer Altar- und Grabsteine, die die durchgängige Präsenz der Hilfstruppen, die hier über 200 Jahre lang stationiert waren, belegen und Einblicke in das Leben dieser Menschen gewähren.

Senhouse Roman Museum
Sea Brows, Cumbria,
Maryport CA15 6JD
http://www.senhouse-museum.co.uk/

Die Steine im Museum sind chronologisch und nach Themen sortiert angeordnet, sodass es leichtfällt, den Geschichten zu folgen, die sie erzählen. Altäre wurden meistens einem bestimmten Gott aus unterschiedlichen Anlässen geweiht. Durch sie drückte man in der Regel seine Dankbarkeit aus, wenn man für ein bestimmtes Ereignis gebetet hatte, z. B. die Heilung einer Krankheit oder eine sichere Reise. Man versprach der Gottheit, ihr einen Altar zu weihen, wenn die Bitte erfüllt wurde.

In Alauna sind viele Altäre dem höchsten Gott Jupiter geweiht, der offensichtlich einen Tempel hier hatte. Altarsteine sehen in der Regel aus wie kleine rechteckige Säulen auf einem Sockel und mit einem kapitellartigen Abschluss. In dessen Mitte befindet sich eine schalenartige Vertiefung, der *focus*, in der man z. B. Öl oder Wein als Weihgabe platzierte oder Rauchopfer darbrachte. Auf der Vorderseite befindet sich in der Regel eine Inschrift, auf der die entscheidenden W-Fragen beantwortet werden: Wem ist der Schrein ge-

Literatur

L. Schumacher (Hrsg.): Römische Inschriften. Lateinisch/Deutsch. Stuttgart 1992, 192.

weiht? Wer hat ihn errichten lassen? Warum hat er ihn errichten lassen? Im Museum ist eine ganze Reihe von Altarsteinen ausgestellt, die von Kommandanten der *Cohors I Hispanorum* zwischen den Jahren 122 und 138 dem Jupiter, vermutlich in Verbindung mit dem Kaiserkult, geweiht wurden. Die Inschriften beginnen mit I·O·M: *Iovi Optimo Maximo*, Jupiter, dem Besten und Größten.

Abb. 64: Meeresarm Solway Firth, Blick von der Küstenstraße nördlich vom Senhouse Museum.

Das außergewöhnlichste Stück der Sammlung ist der sog. Serpent Stone: Es handelt sich um einen weiterverarbeiteten Altarstein, dessen Schaft zu einem achteckigen Phallus umgeformt wurde. Eine Seite der klar herausgearbeiteten Eichel enthält die Darstellung eines Gesichts, auf der anderen Seite ist über die gesamte Länge von unten nach oben eine Schlange abgebildet, die offenbar einen keltischen Wendelring um den Hals trägt. Der Phallus war in der römischen Welt ein Symbol für Glück und Fruchtbarkeit, es befinden sich auch zwei weitere Steine mit eingeritzten Phalli in der Ausstellung. Der Kopf und das Halsband der Schlange auf dem Stein verweisen aber auf die keltische Kultur. Damit ist der Stein ein gutes Beispiel für die Verschmelzung römischer und keltischer Religion. Da er in der Nähe einiger Feuerbestattungen gefunden wurde, könnte es sich um eine Art Friedhofswächter handeln.

Zwischen den dramatischen Hügeln des Lake District und dem Höhenzug der North Pennies befindet sich in der „Tiefebene" ein prähistorischer, wahrscheinlich ritueller Komplex aus drei Anlagen, von denen zwei noch erhalten sind.

40 MAYBURGH HENGE UND KING ARTHUR'S ROUND TABLE – ZWEI ÜBERLEBENDE EINES NEOLITHISCHEN TRIOS

Nort West England

Cumbria

Mayburgh Henge

Der Mayburgh Henge ist eine imposante kreisförmige Wallanlage aus der späten Jungsteinzeit oder frühen Bronzezeit (ca. 3000–2000 v. Chr.). Um in die Stätte hineinzugelangen, muss man zunächst den bis zu 3 m hohen Wall erklimmen. Dieser besteht nicht wie bei Henges üblich aus der Erde, die aus einem Graben innerhalb des Walls ausgehoben wurde. Stattdessen wurde er aus tausenden Steinen aufgeschichtet, die wohl aus dem nahegelegenen Fluss Lowther herangeschafft wurden. Steht man nun auf dem Wall, blickt man auf eine ca. 0,6 ha große runde Fläche, in deren Mitte ein knapp 3 m hoher Menhir steht. Obwohl sich der Henge direkt neben der Autobahn M6 befindet, bekommt man in seinem Innern praktisch nichts von der Außenwelt mit. Der Eingang öffnet sich nach Osten zu den North Pennies hin und liegt in der Achse der Tag-und-Nacht-Gleiche (Abb. 65).

Abb. 65: Mayburgh Henge, Blick auf den östlichen Eingang.

Beschreibungen und Zeichnungen aus dem 18. Jh. suggerieren, dass damals noch vier Menhire im Zentrum standen und vier weitere, die in zwei Paaren den Eingang flankierten. Wenn man bedenkt, dass der Wall heute durch Erosion ziemlich abgetragen ist und noch höher gewesen sein dürfte, muss die Anlage nach der Erbauung sehr beeindruckend gewesen sein. Möglicherweise war auch ein Steinkreis Teil der Anlage.

King Arthur's Round Table

Ca. 400 m östlich vom Mayburgh Henge befindet sich ein weiteres prähistorisches Monument, der sog. King Arthur's Round Table. Er besteht aus einer erhöhten runden Plattform, die von einem breiten Graben und einem äußeren Wall umgeben ist. Im Südosten führt ein breiter Steg über den Graben zu der Plattform. Die gesamte Anlage hat einen Durchmesser von etwa 90 m. Der nördliche Teil ist heute von der Straße und den angrenzenden Häusern überbaut. Auch dort hat sich ursprünglich ein Steg befunden. Vermutlich waren auch Menhire Teil der Anlage, wie im Mayburgh Henge.
Neben diesen beiden Monumenten gab es noch eine dritte vermutlich neolithische runde Anlage in der Nähe, den sog. Little Round Table, der aber heute nicht mehr sichtbar ist.

Das Dorf Ribchester liegt zauberhaft an einer Schleife des Ribble Rivers. Im Sommer herrscht hier reges Treiben. Angler, Badegäste und durstige Schafe teilen sich dann den Fluss. Hier befand sich das römische Kastell Bremetennacum Veteranorum.

41 RIBCHESTER – REITTURNIERE IM RÖMISCHEN KASTELL?

Nort West England

Lancashire

Das römische Kastell Bremetennacum wurde in den 70er-Jahren des 1. Jhs. n. Chr. von der 20. Legion erbaut und konnte 500 Soldaten beherbergen. Wie viele andere Militärlager auch bestand es zunächst aus Holzbauten, wurde dann aber um das Jahr 100 mit Steingebäuden versehen. Es hatte einen typisch rechteckigen Grundriss mit abgerundeten Ecken und enthielt die üblichen Bauwerke: Erhalten sind heute Reste der *horrea* (Getreidespeicher) und des Badehauses. Dort, wo sich einst die *principia* befand, steht heute das kleine Museum. Um das Kastell herum existierte der *vicus*, der heute vom modernen Ort überbaut ist.

Die römischen Ruinen befinden sich direkt am Fluss (Abb. 66). Von der Church Street kann man einen kurzen Uferspaziergang nach Norden zu den Thermen des Kastells machen. Das Badehaus wurde im Zuge der Erneuerung um das Jahr 100 n. Chr. errichtet. Zahlreiche Funde wie Münzen, Schmuck,

Abb. 66: Ribchester, Blick auf den Ribble River.

Abb. 67: Ribchester, geschmückte Hauptstraße für ein Dorffest.

Broschen und Gewandnadeln belegen, dass es auch von Frauen benutzt wurde – wahrscheinlich durften auch die Bewohner des *vicus* hier baden. Der Fund vieler runder Spielsteine – die wie moderne Mühle-Steine aussehen zeigt einmal mehr, dass römische Thermen weitaus mehr waren als nur ein Ort zum Waschen und Baden. Hier entspannte man sich und verbrachte seine Freizeit. Auf einer kleinen Wiese, umgeben von Gärten, kann man die Mauern des *apodyteriums*, *tepidariums*, *caldariums* und eines Heizraumes sehen. Alle Räume sind mehr oder weniger rechteckig, nur das *sudatorium* – die römische Sauna – ist rund.

Läuft man den Weg zurück, gelangt man über den idyllischen Friedhof der St Wilfried's Church zu den konservierten Resten der *horrea*. Sie waren auf Pfosten errichtet, die an eine Hypokaustenheizung erinnern. Hier wurde allerdings nicht geheizt, sondern diese Konstruktion sorgte einerseits für die Belüftung, andererseits dafür, dass die Vorräte trocken blieben.

Im kleinen Museum von Ribchester, das sich direkt neben der Kirche befindet, ist eine Replik des berühmtesten Fundes aus dem Ort ausgestellt. Es handelt sich um einen fantastisch erhaltenen Kavallerie-Helm aus Bronze. Das Original befindet sich im British Museum. Der Helm besteht aus einer Helmglocke und einer Maske und schützt somit den Kopf und Nacken des Tragenden vollständig. Über der Stirn hat er einen großen Schild, der wie eine Krone anmutet. Ohren und Haare an den Seiten und die Gesichtszüge sind fein herausgearbeitet. Die Haarpartie ist mit Kampfszenen verziert. Der Helm wiegt über 1 kg und wurde sicher nicht im Kampf getragen. Wahrscheinlicher gehörte er zur Ausstattung eines Reiterturniers. In England wurden bisher nur zwei weitere Helme dieser Art gefunden.

EXKURS HADRIANSWALL

Während seines Besuchs in Britannien im Jahre 122 n. Chr. entschied Hadrian, eine befestigte Grenzanlage im Norden des eroberten Britanniens zu bauen. Die Anlage ist heute unter dem Namen Hadrianswall bekannt und hieß damals vermutlich *Vallum Aelium*. Sie reichte über knapp 118 km von Wallsend in Newcastle im Osten bis an den Solway Firth im Westen und war im Ostteil als 4,5 m hohe Mauer, im Westteil als Erdwall ausgeführt. Ergänzt wurde die Wallanlage durch ein Grabensystem. Mit 16 Truppenkastellen, 80 Meilenkastellen und 320 Türmen wurde sie geschützt. Um die Umschiffung des Hadrianswalls im Solway Firth an der Westküste zu umgehen, wurden noch weitere 26 Kastelle an der Westküste in Verlängerung des Hadrianswalls gebaut.

Schon vor dem Bau des Hadrianswalls galt die Linie Tyne–Solway Firth als Nordgrenze des Reichs. Hier verlief die Stanegate-Straße, die ursprünglich von Agricola während seiner Eroberungszüge eingerichtet wurde. Vindolanda ist das berühmteste der Kastelle an dieser Straße. Während aber die Stanegate durch die Täler verlief und das viel weniger geradlinig, als es bei römischen Straßen üblich war, wurde der Hadrianswall auf die nördlich dieser Straße liegenden Hügelkämme gelegt. Die Stanegate diente seitdem als Versorgungsstraße für die Grenztruppen.

Durch die Tore in den Meilenkastellen kanalisierte der Hadrianswall den Personen- und Warenverkehr mit den Stämmen nördlich der Grenze. Auch für kleinere Angriffe war die Befestigung gewappnet. Man geht heute davon aus, dass der Hadrianswall einem Großangriff nicht standgehalten hätte. Allerdings hätten es die Römer zu so einer Situation wohl nicht kommen lassen.

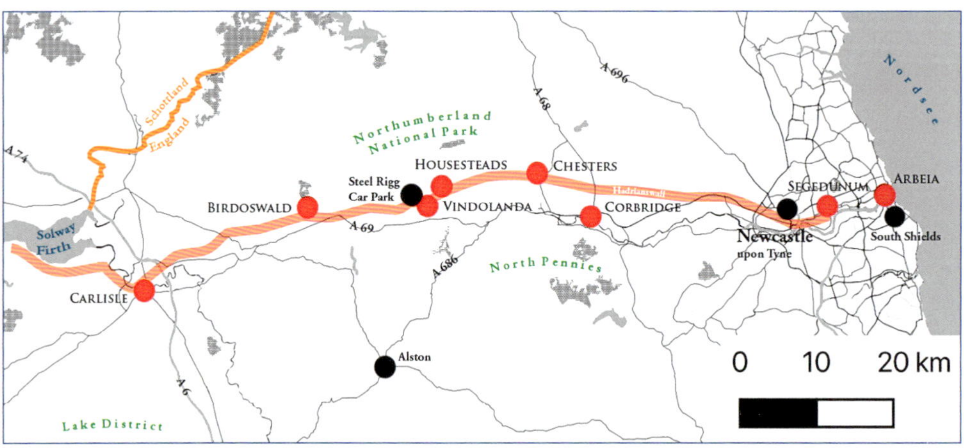

Karte 14: Verlauf des Hadrianswalls mit den wichtigsten heute sichtbaren Kastellen.

Abb. 68: Landschaft südlich des Hadrianswalls bei Vindolanda.

Ein sich näherndes Heer wäre frühzeitig entdeckt und weit vor dem Wall gestellt worden.

Im Jahr 141, nur wenige Jahre nach der Fertigstellung des Hadrianswalls um das Jahr 128, wie uns die Bauinschriften verraten, wurde die Grenze um ca. 150 km nach Norden verlegt. Hadrians Nachfolger Antoninus Pius (reg. 138–161) brauchte einen Erfolg als Imperator. Die Erweiterung des Reichsgebiets um die vor dem Hadrianswall liegenden Lowlands schien vielleicht ein leicht zu erringender Erfolg für den ansonsten dem Krieg eher abgeneigten Kaiser. Die neue Grenzbefestigung des *Vallum Antoninum* lag an der schmalsten Stelle Schottlands zwischen dem Firth of Forth und Firth of Clyde. Daher war der Antoninuswall nur ca. 60 km lang, also die Hälfte der Länge des Hadrianswalls. Trotz dieses Vorteils ließ sich diese Grenze nicht dauerhaft sichern. Spätestens um 180 bildete der Hadrianswall wieder die Nordgrenze und blieb bis zum Abzug der Römer Anfang des 5. Jhs. mit Truppen besetzt.

Die Kastelle am Hadrianswall und auch an der Stanegate folgen mit Variationen dem allgemeinen Aufbau kaiserzeitlicher Kastelle. Das übliche Kastell ist rechteckig, ca. 120 x 180 m groß, mit abgerundeten Ecken und ähnelt so von oben gesehen einer Spielkarte. Es wird durch eine Steinmauer geschützt. Jede Seite besitzt ein Tor. Im Inneren befinden sich die Mannschaftsquartiere in

Literatur

David Breeze: Hadrian's Wall. London 2017 (English Heritage Guidebooks).

David Breeze: Roman Forts in Britain. Petersborough 2011.

langgestreckten Gebäuden. Die einfachen Soldaten wohnten in Mehrbettzimmern (*contubernia*). Ein Zenturio hatte eine eigene Wohnung, die er vielleicht sogar mit seiner Familie bewohnte. Der Kommandant residierte in einem eigenen Haus, dem *praetorium*, oft im Stile einer mediterranen Villa. Das zentrale Verwaltungsgebäude heißt *principia*. Dazu kommen die Lagerräume (*horrea*) für Lebensmittel, vor allem Getreide. Das obligatorische Bad befindet sich außerhalb der Mauern des Kastells. In manchen Kastellen gibt es auch noch ein Lazarett (*valetudinarium*). In einem Lager für Reitereinheiten sind entsprechende Stallungen vorhanden. Öfen für das gemeinschaftliche Brotbacken befinden sich außerhalb der Gebäude an der Kastellmauer. Zu einem Kastell gehörte auch eine Zivilsiedlung (*vicus*), die sich entlang der Straße vor den Toren der ummauerten Anlage gebildet hat.

Heute kann man die Ausgrabungen einiger Kastelle am Hadrianswall besuchen. Trotz der unübersehbaren Ähnlichkeiten hat jede Ausgrabung etwas Besonderes zu bieten, das einen Besuch wert ist. Diese liegt zum Beispiel in der außergewöhnlichen Funktion (Arbeia), der dramatischen Lage in der Landschaft (Housesteads) oder der einzigartigen Erhaltungssituation der Funde (Vindolanda) begründet. Die vielen Museen am Hadrianswall weisen bei ganz unterschiedlicher Größe durchweg eine hohe Qualität auf.

Abb. 69: Blick auf das Carlisle Castle gegenüber vom Tullie House Museum.

Neben dem Besuch der Ausgrabungen kann man den Hadrianswall über einen Wanderweg erlaufen. Besonders im mittleren Abschnitt zwischen Housesteads und Birdoswald ist die Mauer nicht nur gut erhalten, auch die Landschaft mit ihren Hügelketten schafft immer wieder neue, wunderschöne Ausblicke (Abb. 68). Während der Wanderweg dem direkten Verlauf des Hadrianswalls folgt, verläuft der ebenso gut ausgeschilderte Fahrradweg doch häufig außerhalb der Sichtweite des Walls. Die Beschreibung der wichtigsten Orte erfolgt hier von Ost nach West.

Einen schönen Anfang oder ein Ende bietet die Daueraustellung im Tullie House Museum in Carlisle. Es lädt mit einer außergewöhnlichen Ausstellung dazu ein, über den Hadrianswall hinaus über menschengemachte Grenzen nachzudenken.

Tullie House Museum and Art Gallery
Castle St,
Carlisle CA3 8PT
http://www.tullie-house.co.uk/

Ein prächtiges rekonstruiertes Tor des Kastells Arbeia weist von hier nach Westen – zum Hadrianswall. Die Grenze nach Norden bildet an dieser Stelle noch der River Tyne, dessen Mündung sich direkt nördlich von Arbeia befindet.

42 ARBEIA – VERSORGUNGSKASTELL FÜR DIE GRENZPOSTEN

Tyne and Wear

Der archäologische Park in South Shields liegt mitten in einem Wohngebiet unweit der Tyne-Mündung. Für die archäologische Grabung wurde ein ganzes Viertel abgerissen. So kann man heute durch den größten Teil des Kastells Arbeia laufen. Die zu der Anlage gehörende Zivilsiedlung, der *vicus*, wie auch das aus Holz gebaute erste Kastell liegen aber immer noch unter der modernen Bebauung. Der Name „Arbeia", der aus der *Notitia Dignitatum* überliefert ist, leitet sich vermutlich von der hier ab dem 4. Jh. stationierten Auxiliartruppe ab, die aus Arabien vom Tigris im heutigen Irak stammte. Der Name der Truppe, *Numerus Barcariorum Tigrisiensium*, weist auf die zentrale Aufgabe des Kastells seit dem Beginn des 3. Jhs. hin: Die *barcarii* sind militärische Frachtschiffer und Arbeia diente als Umschlagplatz für die Lebensmittellieferungen an die Grenztruppen. In seiner Hochzeit, so schätzen Archäologen, wurden 40.000 Menschen von hier aus mit Nahrung versorgt. Dafür wurde das Kastell zwischen 205 und 207 erweitert.

Heute ist Arbeia vor allem für das rekonstruierte Westtor bekannt, in dem sich auch ein Teil der Dauerausstellung befindet. Während der Grundriss durch die Ausgrabung verbürgt ist, wurden nur wenige Überreste der Architektur des Baus gefunden. So bleibt der aufragende Teil weitgehend spekulativ, orientiert sich aber an Funden anderer Grabungen und überlieferten Darstellungen.

Neben dem Westtor wurden auch ein Mannschaftsquartier und das *praetorium* rekonstruiert. Dabei wurden sogar die Inneneinrichtung und die Dekoration mit bedacht. Von den Getreidespeichern, die den Großteil des Lagers ausgemacht haben, kann man nur die Fundamente sehen. Ein Ausblick vom Westtor lässt aber das Maß an Geschäftigkeit in und zwischen den Lagergebäuden erahnen.

Im Eingangsbereich befindet sich ein kleines Museum mit Funden der Grabung, die durch ihre sorgsame Auswahl einen Einblick in das Kastellleben bieten. Ein besonderer Fund ist der Grabstein der Regina, einer Freigelassenen vom Stamm der Catuvellaunen. Ihren Grabstein ließ ihr Ehemann, Barates, erstellen. Barates stammte aus Palmyra im heutigen Syrien. Zusätzlich zur üblichen Beschriftung des Grabsteins in Latein ließ er noch eine Grabinschrift in Palmyrenisch anbringen. Damit ist dieser Grabstein ein Zeugnis des multikulturellen Lebens im Römischen Reich.

Literatur

Tyne and Wear Archives & Museums on behalf of South Tyneside Council (Hrsg.): Arbeia. South Shields Roman Fort. o. O., o. J.

Obwohl Segedunum nicht am Meer liegt, fängt erst hier der Hadrianswall an. Vorher bildete der River Tyne die natürliche Grenze zum wilden Norden. Dementsprechend heißt der hiesige Stadtteil von Newcastle auch Wallsend.

43 SEGEDUNUM ROMAN FORT – ÖSTLICHER ANFANGSPUNKT DES HADRIANSWALLS

Exkurs Hadrianswall

Northumberland

Fährt man auf der Buddle Street in Newcastle, so durchkreuzt man das Kastell Segedunum, welches am östlichen Ende des Hadrianswalls liegt. Von hier bis zur Mündung ins Meer bei Arbeia (South Shields) wurde der Fluss Tyne als natürliche Grenze genutzt. Von Weitem sichtbar ist der archäologische Park durch den 34 m hohen Aussichtsturm, der an einen Flughafentower erinnert (Abb. 70). Von der Aussichtsplattform bekommt man einen guten Eindruck von den ursprünglichen Ausmaßen der Anlage, denn die Gebäudefundamente sind im Rasen deutlich markiert. Ein Highlight des Parks ist neben dem ausführlichen Museum zum Lagerleben mit Computeranimationen und Filmen die Rekonstruktion des Bads. Es wurde etwas abseits der Originalfundamente möglichst originalgetreu inklusive Innendekoration rekonstruiert.

Abb. 70: Segedunum, der von Weitem sichtbare futuristische Aussichtsturm des Museums.

Jenseits der vielbefahrenen Straße findet man den Anfang des Hadrianswalls, jedenfalls die Fundamente. Aber auch hier gibt es eine Rekonstruktion. Ein Replikat der Mauer, einige Meter lang, wurde in voller Höhe direkt neben den Originalfundamenten errichtet. Dem antiken Vorbild folgend ist hier am archäologischen Park auch der offizielle Beginn des Wanderwegs sowie der Fahrradroute entlang des Hadrianswalls. Wer allerdings möglichst der Originalroute folgen will, sollte den Wanderweg wählen.

Literatur

Tyne and Wear Museums (Hrsg.): Segedunum. Roman fort, baths & museum. o. O. 2008.

Die Getreidespeicher dieses römischen Kastells und Ortes sind so gut erhalten, dass man am liebsten über den steinernen Fußboden laufen möchte. Der steht heute noch auf ebenso steinernen Stelzen, die damals eine gute Durchlüftung der Vorräte und Schutz vor Getier boten.

44 CORBRIDGE – NACHSCHUB FÜR DIE TRUPPEN!

Northumberland

Die antiken Ruinen des römischen Kastells Coria liegen außerhalb der heutigen Ortschaft Corbridge (Abb. 71) und sind glücklicherweise nicht überbaut. Coria lag am Nordufer des Tyne an der Kreuzung der Dere Street mit der Stanegate. Diese bevorzugte Lage eröffnete große Möglichkeiten für den Handel. Um das ursprüngliche Kastell, welches wahrscheinlich um 79 oder 80 n. Chr. gegründet wurde, bildete sich mit der Zeit eine große eigenständige Zivilsiedlung, die als regionales Handelszentrum fungierte und im 4. Jh. wahrscheinlich von einer eigenen Mauer geschützt wurde. Betritt man heute den archäologischen Park, so fallen gleich die massiven Getreidespeicher auf, die dem Nachschub der Truppen am Hadrianswall dienten. Die davor verlaufende Hauptstraße durch den Ort wurde so oft mit einem neuen Straßenpflaster überbaut, dass man zu den Eingangen der Getreidespeicher hinabsteigen musste. Entgehen lassen sollte man sich auch nicht das kleine Museum im Eingangsbereich. Der berühmteste Fund aus Coria ist hier ausgestellt: Zu hadrianischer Zeit (122–138) wurde eine Kiste mit Ausrüstungsgegenständen von Soldaten vergraben. Das war eine übliche Vorgehensweise, um Teile der Ausrüstung nicht beim zeitweisen Verlassen des Lagers mitnehmen zu müssen. In diesem Fall geriet diese Kiste aber in Vergessenheit. Sie enthielt Teile für mehrere Brustpanzer (*loricae segmentatae*), Werkzeug, Speerspitzen und andere Waffenteile, die Werkzeugausrüstung eines Tischlers und weitere Alltagsgegenstände wie Spielbretter, Schreibtafeln und einen Holzkrug. Auch Reste von Papyrusrollen konnten dokumentiert werden, die einzigen in Großbritannien.

Literatur

N. Hodgson: Roman Corbridge. London 2015 (English Heritage Guidebooks).

Abb 71: Corbridge, Blick von der antiken auf die moderne Stadt.

Das Badehaus dieses Kastells liegt in herrlicher Lage am River North Tyne. Von hier kann man auch die sehr gut erhaltenen Reste der römischen Brücke auf der anderen Seite des Flusses sehen. Um den eingravierten Phallus im Brückenfundament zu finden, muss man aber den Fluss auf der (modernen) Brücke überqueren und ganz dicht rangehen.

45 CHESTERS – REITERKASTELL IN IDYLLISCHER LAGE

Exkurs Hadrianswall

Northumberland

Cilurnum ist das sechste Kastell am Hadrianswall von Osten. Es war ein Reiterkastell, wie die ergrabenen Ställe zeigen. Wie die anderen Reiterkastelle auch schloss es nicht mit der Mauer des Hadrianswalls nach Norden ab, sondern ragte darüber hinaus. So befanden sich Ost-, West- und Nordtor nördlich der Wallmauer. Im Falle eines Angriffs konnten die Reitertruppen so das Kastell sehr schnell verlassen und dem Feind entgegenpreschen.

Das Kastell liegt im Park von Chesters House, einem Landhaus, das Ende des 18. Jhs. in den Besitz der Familie Clayton aus Newcastle gelangte. John Clayton, ein angesehener Rechtsanwalt, begann 1843 mit Ausgrabungen in seinem Park, die er bis zu seinem Tod 1890 fortsetzte. Damit wurde er zu einer der einflussreichsten Personen der Hadrianswall-Forschung des 19. Jhs. Zeitweise besaß er Grundstücke, auf denen sich fünf der 16 Truppenkastelle befanden. Obwohl noch weitere Ausgrabungen in Chesters nach seinem Tod stattfanden, ist der größte Teil der heute sichtbaren Architekturreste im 19. Jh. ausgegraben worden. Die damals übliche Grabungsmethode kannte noch keine sorgfältige Dokumentation geschweige denn das Konzept der archäologischen Stratigraphie. Man grub einfach, bis man auf Mauern stieß, und sammelte dabei interessante Funde ein, ohne den genauen Fundort, der in der Archäologie heute so wichtig ist, zu verzeichnen. Und das kleine Museum, das noch ganz im Stile alter Museen so voll ist, dass es an manchen Stellen einem Steinlager gleicht, gibt ein beredtes Zeugnis davon, wie eifrig die Ausgräber im Viktorianischen Zeitalter an ihre Aufgabe herangegangen sind. So bleiben viele Informationen über das Kastell und seine Bewohner für immer im Verborgenen.

Trotzdem ist der malerisch am Ufer des North Tyne gelegene archäologische Park unbedingt einen Besuch wert. Nachdem man von Weitem einen Blick auf das Herrenhaus geworfen hat – denn dies wird noch immer privat genutzt und gehört nicht zum öffentlichen Bereich – sollte man sich auf keinen Fall zwei Hauptattraktionen entgehen lassen: Da ist zum einen die Ruine der Thermenanlage. Sie liegt hangabwärts nahe am Ufer des Tyne. Die tiefere Lage hat wohl dazu geführt, dass die Mauern deutlich höher erhalten sind als

Literatur

Nick Hodgson: Chesters Roman Fort and the Clayton Museum. London 2016 (English Heritage Guidebooks).

im Rest des Parks. So kann man hier alle Räumlichkeiten des Bades durchschreiten und noch deutlich ihre Funktion erkennen, auch ohne Hilfestellung durch Rekonstruktionen. Unweit des Thermenkomplexes befand sich eine Brücke, die gleichzeitig ein Teil des Hadrianswalles war, und die die Besatzung des Kastells schützen musste. Die Fundamente der Brücke lassen sich am besten auf der gegenüberliegenden Seite des Flusses begutachten. Man erreicht die Brücke über einen Fußweg, der an der nahegelegenen Chollerford-Brücke an einem unscheinbaren, aber beschilderten Tor beginnt (Abb. 72). In dem Fundament der Brücke kann man einen herausgearbeiteten Phallus entdecken.

Abb 72: Blick von Süden auf die Brücke über den North Tyne, rechts im Bild der Zugang zur römischen Brückenbefestigung.

Wer glaubt, dass der Toilettengang etwas Privates und Langweiliges ist, wird im Housesteads Roman Fort eines Besseren belehrt. Dicht an dicht saßen die römischen Soldaten auf den fabelhaft erhaltenen Latrinen – damals leider hinter einer dunklen Wand. Heute ist der Besuch der antiken Toiletten mit einem fantastischen Ausblick verbunden.

46 HOUSESTEADS ROMAN FORT – AUCH AM ENDE DES IMPERIUMS WIRD MIT WASSER GESPÜLT

Exkurs Hadrianswall

Northumberland

Mit dem achten Kastell erreicht man die Mitte des Hadrianswalls. Hier ist die Landschaft deutlich hügeliger als weiter im Osten oder Westen. Die Erbauer des Hadrianswalls entschieden, dass der Verlauf über die höchsten Hügelkämme, die zudem noch nach Norden steil abfallen, am besten sei, da diese eine natürliche Barriere bilden. So liegt das Kastell Vercovicium auf dem nach Süden abfallenden Hang. Schon von der heutigen Straße, die einige hundert Meter weiter südlich verläuft, kann man daher seinen Grundriss erkennen. Im Gegensatz zu anderen Kastellen verläuft die längere Seite von Ost

Abb. 73: Hadrianswall zwischen dem Steel Rigg Car Park und Housesteads Roman Fort.

nach West und schmiegt sich an die Wallmauer an. Obwohl das Gelände nach Norden steil abfällt und einen Weg in diese Richtung unmöglich macht, gibt es auch dort eine Toranlage, wie der Standardplan es vorsah.

Im Südosten des Lagers befinden sich die am besten erhaltenen Latrinen in Großbritannien. Der rechteckige Raum ist direkt an die Innenmauer des Kastells gebaut. Er besteht aus einem U-förmigen tiefen Abwasserkanal, über dem eine hölzerne Sitzkonstruktion für die Soldaten angebracht war. Gespeist wurde der Kanal zunächst durch Regenwasser, später durch einen großen Tank, der in den benachbarten Wachturm integriert wurde. In der Mitte des Raumes verläuft eine weitere Rinne, in der man seinen Säuberungsschwamm auswusch. Erhalten sind auch zwei große steinerne Waschbecken. Hätte die Kastellmauer hier ein Fenster gehabt, wäre der Toilettengang bei der Aussicht ein noch größeres Vergnügen gewesen.

Von Housesteads kann man Richtung Westen einen der landschaftlich schönsten Abschnitte des Hadrianswall-Wanderweges entlanglaufen (Abb. 73). In diesem Abschnitt ist die Originalmauer noch weitestgehend – zumindest in den unteren Lagen – erhalten. Man passiert die beiden Seen Crag Lough und Greenlee Lough, durchläuft ein kleines Waldstück und kommt an der berühmten Sycamore Gap vorbei – einer Senke, in der direkt neben der Wallmauer ein großer Ahorn steht. Im Volksmund wird er auch Robin Hood Tree genannt, da er in einer Szene des Films *Robin Hood: König der Diebe* (1991) vorkommt.

Nach ca. 4,5 km erreicht man den Steel Rig Car Park. Der Wegabschnitt ist natürlich auch aus Richtung des Parkplatzes absolvierbar. Der Weg ist gut ausgebaut, aber festes Schuhwerk ist notwendig. Eine Stunde sollte man sich für eine Richtung Zeit nehmen.

Literatur

J. Crow: Housesteads Roman Fort. London 2017 (English Heritage Guidebooks).

Seit fast 90 Jahren ist diese fantastische Ausgrabung am Hadrianswall ein Familienunternehmen – und übertrifft in der Präsentation noch die glänzende Aufmachung vieler anderer archäologischer Parks und Museen in England.

47 VINDOLANDA UND ROMAN ARMY MUSEUM – DAS RÖMISCHE MILITÄR HAUTNAH ERLEBEN

Exkurs Hadrianswall

Northumberland

Vindolanda ist unzertrennlich mit dem Namen der Familie Birley verbunden. Der Archäologe Eric Birley kaufte das Gelände 1929 zum Zwecke der archäologischen Untersuchung. Der Ort war zwar seit dem 16. Jh. schon als Ruinenfeld bekannt und durch einen Altarfund 1914 war auch der Name des Ortes gesichert, es gab aber noch keine systematischen Grabungen hier. Diese mussten dann mit dem Beginn des Zweiten Weltkriegs schon wieder eingestellt werden. Erst als der Vindolanda-Trust gegründet wurde, der das Anwesen Chesterholm und das Grabungsgelände übernahm, konnten die Arbeiten ab 1970 unter der Leitung von Robin Birley, einem Sohn von Eric Birley, fortgesetzt werden. Dessen Sohn wiederum, Andrew Birley, leitet die Grabungen heute.

Vindolanda ist ein Kastell mit einer Zivilsiedlung an der Stanegate, das in den 80er-Jahren des 1. Jhs. n. Chr. gebaut und später mehrfach in Stein überbaut wurde. Der Zustand, der im archäologischen Park heute sichtbar und konserviert ist, ist der des 3. und 4. Jhs. Dabei kann man Teile des Kastells und auch Teile der Zivilsiedlung besichtigen. In den Sommermonaten finden regelmäßig neue Grabungen statt. Führungen zu den aktuellen Grabungen werden ständig angeboten.

Besonders ist dieser Ort aufgrund der Bodenbedingungen, die insbesondere viele Funde aus organischem Material, aber auch Metalle erhalten lassen. Die vielleicht spektakulärsten Funde aus Vindolanda sind die über tausend Holzschreibtafeln, die seit 1973 gefunden wurden. Es sind zumeist Briefe und Berichte aus den Jahren 85 bis 130 n. Chr., wobei ein Großteil aus den Jahren 92 bis 103 stammt. In dieser Zeit war die 9. Bataverkohorte in Vindolanda stationiert. Lange Zeit waren dies die ältesten schriftlichen Zeugnisse in Britannien, bis sie von den Bloomberg-Tafeln aus London abgelöst wurden, die noch ein paar Jahrzehnte älter sind. Die Vindolanda-Tafeln kann man nicht nur im British Museum bestaunen, auch im großartigen Museum in Vindolanda werden einige Stücke ausgestellt. Dazu gibt es Dokumentationsfilme und eine Menge Material zu erleben. Fundstücke aus jedem Bereich des täglichen Lebens bieten einen Einblick in die römische Zeit, wie ihn wohl kaum ein anderes Museum zu bieten hat. Allein die Sammlung an Schuhen, mit der die Besucher empfangen werden, wäre schon einen Besuch wert.

Literatur

Andrew Birley: Vindolanda Guide. o. O., o. J.

Zum Vindolanda-Trust gehört auch das mit dem Auto ca. 10 min entfernte Roman Army Museum. Dies befindet sich am Carvoran Roman Fort (Kastell Magnis), welches aber noch nicht systematisch ergraben wurde. Der Trust plant, dies irgendwann in der Zukunft zu tun, wenn die Arbeiten in Vindolanda abgeschlossen sind. Jetzt kann man sich hier ganz auf das aufwendige Museum konzentrieren, dass mit vielen Installationen, multimedialen Darstellungen bis hin zu einem 3D-Film dem Besucher den Aufbau, die Zusammensetzung und das Leben in der römischen Armee der Kaiserzeit nahebringen will. Da hier alles im Museumsgebäude stattfindet, ist der Besuch besonders für regnerische Tage zu empfehlen.

Abb. 74: Vindolanda Roman Fort, Blick von Osten.

Roman Army Museum
Greenhead CA8 7JB
http://www.vindolanda.com/roman-army-museum

Wer den Hadrianswall-Wanderweg von Osten hier hinaufgekraxelt ist, kann sich im sonnigen Hof des Birdoswald Roman Fort Cafés ein kühles (oder heißes!) Getränk gönnen. Mit dem alten Farmhaus und den lauschigen Bäumen ist hier römischer Militär-Drill einem idyllischen Erholungsort gewichen.

48 BIRDOSWALD ROMAN FORT – AUCH NACH DEN RÖMERN EIN ORT ZUM VERWEILEN

Cumbria

Birdoswald, das Kastell Banna, ist das elfte Kastell am Hadrianswall. Der Maiden Way führt hier vorbei zum Kastell in Bewcastle (Fanum Cocidi), welches dem Hadrianswall nördlich vorgelagert lag. Es folgt in der Ausstattung dem Schema der anderen Kastelle am Hadrianswall. Die Lage ist günstig mit einer guten Übersicht über die Landschaft, für moderne Besucher ein Genuss (Abb. 75). Man kann wieder Grundmauern von Getreidespeichern, der Umfassungsmauer und Toren begutachten. Was es aber besonders macht, ist nicht die römische Besiedlung, sondern der Nachweis einer Weiternutzung in nachrömischer Zeit. Bei den Getreidespeichern sind die Holzpfähle im Boden markiert, die auf die Gebäude des 5. Jhs. zurückgehen. Man kann spekulieren, dass zurückgebliebene Legionäre mit ihren Familien und weitere Zivilisten nach dem Abzug der regulären Truppen das Kastell in eine befestigte Siedlung, ein *oppidum*, umgewandelt haben. Diese Besiedlung lässt sich noch bis ca. 520, also weit über ein Jahrhundert in das dunkle Zeitalter hinein, nachweisen. Danach verlieren sich aber die Spuren menschlicher Besiedlung in Birdoswald. Nur eine einzelne Haarnadel aus dem 8. Jh. weist auf eine zumindest zeitweise Anwesenheit von Menschen im Mittelalter hin. Dominiert wird das Gelände heute von einem Farmhaus, dessen älteste Teile aus dem 17. Jh. stammen.

Neben dem Besuch des Kastells lohnt sich auch der kleine Spaziergang an den Resten eines Meilenkastells vorbei zum Fluss Irving, wo man noch die Reste der römischen Brücke anschauen kann.

Literatur

Tony Wilmott: Birdoswald Roman Fort. London 2016 (English Heritage Guidebooks).

Abb 75: Blick vom Birdoswald Roman Fort auf das Tal des River Irthing im Südwesten.

In Caerleon kann man die einzigen ausgegrabenen Legionskasernen in Europa besichtigen. Das große Kastell Isca Silurum verfügte außerdem über ein eigenes Amphitheater und ausladende Thermen – diese Legion war gekommen, um zu bleiben.

49 CAERLEON – ANNEHMLICHKEITEN FÜR RÖMISCHE SOLDATEN AM ENDE DES IMPERIUMS

Wales

Geschichte

Kaiser Vespasian wurde im Jahr 69 n. Chr. Kaiser und verfolgte eine progressive Eroberungspolitik. Die noch unbesetzten Teile Britanniens sollten nun erobert und befriedet werden. Nachdem dies in den Jahren 71 bis 74 unter dem Statthalter Cerealis geglückt war, kam das bergige Land des heutigen Wales an die Reihe. Im Südosten dieses Landstrichs lebten die Silurer, die sich in den vergangenen 30 Jahren erfolgreich gegen die Römer zur Wehr gesetzt hatten. Um diesem Stamm etwas entgegensetzen zu können, ließ der Statthalter Sextus Julius Frontius ein Kastell mitten im Gebiet der Silurer errichten. Es war fortan Hauptquartier der *Legio II Augusta* und erhielt den Namen Isca Silurum. Als der Bau des Hadrianswalls im Jahr 122 begann, wurden viele Truppen in den Norden geholt. Isca schien aber nie ganz verlassen gewesen zu sein, verschiedene Kohorten waren hier stationiert und das Kastell wurde mehrfach ausgebessert. Ende des 3. Jhs. wurden die Hauptgebäude des Kastells dann zerstört, vielleicht weil ihr Baumaterial anderswo gebraucht wurde. Münzfunde zeigen, dass das Kastell auch danach noch bewohnt war, von wem, wissen wir jedoch nicht.

Newport

The National Roman Legion Museum
Caerleon, Newport
NP18 1DY
https://museum.wales/roman/

Rundgang

Sichtbar sind in Caerleon die westliche Ecke des Kastells, Teile der südöstlichen Mauer mit dem außerhalb gelegenen Amphitheater sowie die Thermen, die ebenfalls außerhalb lagen.

Vier Kasernenreihen bedecken die Wiese am Ende der Cold Bath Road, eingerahmt von einem Erdwall, wo sich einst die Außenmauer des Kastells befand (Abb. 76). Das sind die sog. Prysg Field Barracks. In jeder dieser Kasernen war eine Zenturie mit ihrem Kommandanten untergebracht. Ursprünglich bestand eine Zenturie aus 100 Mann, zur Zeit der Errichtung Iscas waren es nur noch 80. Entsprechend hatte Isca etwa 60 solcher Kasernenblöcke, um die ganze Legion unterzubringen. Besonders interessant

Literatur

J. K. Knight: Caerleon Roman Fortress. Cardiff 2017.

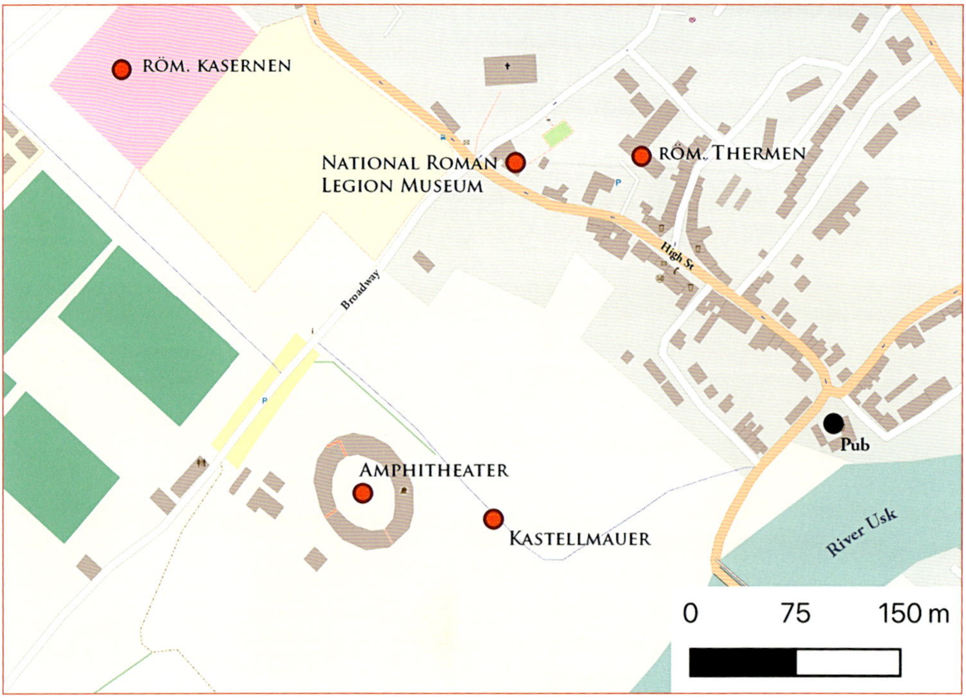

Karte 15: Caerleon, Übersichtsplan.

Abb. 76 rechts oben: Caerleon, Eingansgtor in der westlichen Ecke des römischen Kastells, im Hintergrund die Kasernenblöcke.

Abb. 77 rechts unten: Caerleon, National Roman Legion Museum.

sind die runden Strukturen zwischen dem südwestlichen Wall und den Kasernen. Es handelt sich um zehn große Öfen. Hier wurde für die Soldaten gebacken, vielleicht auch gekocht. An diesem Beispiel zeigt sich, dass römische Legionäre sich selbst versorgen konnten und mussten, wenn es nötig war.

Ca. 230 m südöstlich befindet sich das Amphitheater von Isca. Bis heute ist es das einzige in Großbritannien, das ausgegraben wurde. Es wurde bereits im Jahr 80 n. Chr. erbaut, zur selben Zeit wie das Kolosseum in Rom. Das spricht dafür, dass die neuesten Trends sogar bis ins ferne Britannien und dann noch an den letzten Rand dieser Provinz vordrangen. Wussten die Soldaten vielleicht von Anfang an, dass sie gekommen waren, um zu bleiben, und richteten sich deshalb auch gleich ein Unterhaltungszentrum ein? Dieses Amphitheater wurde allerdings nicht nur für blutige Gladiatorenkämpfe benutzt, sondern auch für militärische Übungen und Vorführungen. Gegen das große Vorbild in Rom war es allerdings ein Zwerg. Das Kolosseum bot ca. 50.000 Zuschauern Platz, dieses hier nur 6.000. Für die Soldaten am Ende der Welt wird es wohl dennoch gereicht haben. Entlang des Amphitheaters ist noch ein gut erhaltenes Stück der Kastellmauer sichtbar. Ein Fußgängerweg führt um die südliche Ecke des Kastells herum auf den River Usk und den lokalen Pub zu, in dem man nach getaner Erkundung ein kühles Ale mit Blick auf den Fluss genießen kann.

AMGUEDDFA'R LLE G RUFEINIG CAERLLION
OMAN LEGIONA Y MUSEUM CAERLEON
AMGUEDDFEYDD AC IELAU CENEDLAETHOL CYMRU
NATIONAL MUSE S & GALLERIES OF WALES

Nach einer Stärkung kann man die High Street hinauf zurück in den Ort hinein gehen, wo sich nach ca. 260 m auf der rechten Seite die Thermen des Kastells befinden. Heute werden sie in einem modernen Museumsgebäude durch schöne Lichtinstallationen zum Leben erweckt. Diese Thermenanlage war einer 5.000-köpfigen Legion wahrlich angemessen. Sie bestand aus einer 110 m langen Sport-Basilika mit zwei Säulenreihen, ähnlich wie die Basilika in Wroxeter (s. Nr. 32). An diese schloss sich der Badetrakt mit einem *frigidarium*, einem *tepidarium* und einem *caldarium* an. Südwestlich dieser Anlage befand sich eine große *palaestra* mit einem langen rechteckigen Schwimmbecken. Dieses Becken ist heute noch erhalten, es ist 41 m lang und damit deutlich länger als ein deutsches Standardsportbecken (25 m). Der Zufluss befand sich an einem Ende des Beckens und war in ein bunt bemaltes Fontänenhaus integriert. Die anderen Baderäume waren jeweils mit mehreren Wasserbecken ausgestattet. Das *frigidarium* hatte im Zentrum einen zentralen Abfluss, der wahrscheinlich mit einer verzierten Abdeckplatte versehen war.
Ein Stück weiter die Straße hinauf befindet sich das National Roman Legion Museum (Abb. 77), in dem Fundstücke aus dem römischen Kastell zu besichtigen sind.

Abb. 78: Caerleon, Reste der römischen Kastellmauer.

Das walisische Dorf Caerwent, ca. 13 km östlich von Caerleon gelegen, hat einen ganz besonderen Charme. Sein historisches Zentrum, das Postamt, die evangelische Kirche und eine Reihe Wohnhäuser sind zwischen und an den Mauern der einst größten römisch-britischen Stadt von Wales, Venta Silurum, erbaut.

50 CAERWENT – MODERNES DORF IN DEN MAUERN EINER ANTIKEN STADT

Monmouthshire

Der Name „Venta Silurum" wird nur im *Itinerarium Antonini* und in der *Ravennatis Anonymi Cosmographia* erwähnt, sonst gibt es keine Erwähnung in antiken Texten. Aus dem Namen geht jedoch hervor, dass die Stadt eine *civitas*-Hauptstadt war und die ansässigen Silurer sich hier nach römischem Recht selbst verwalten durften. Alle weiteren Informationen über die Stadt liefern ausschließlich archäologische Funde. Darunter befindet sich die Basis einer Statue, die in der Dorfkirche aufgestellt ist (Abb. 80). Sie enthält eine Inschrift, die an Paulinus gerichtet ist, einen Kommandanten der *Legio II Augusta*, die im benachbarten Isca stationiert war. Darauf ist vom Rat (*ordo*) der *civitas Silurum* die Rede.

Die Stadtmauern umschlossen eine Fläche von ca. 18 ha, was sie zu einer der kleinsten *civitas*-Hauptstädte macht. Der Straßenplan ist typisch römisch, es gibt ein gerastertes Straßensystem mit 20 *insulae*. Obwohl das nahegelegene Kastell Isca Silurum bereits Ende des 1. Jhs. erbaut wurde, lassen Ausgrabungen darauf schließen, dass Venta in dieser durchorganisierten Form erst Anfang des 3. Jhs. existierte.

Rundgang

Da das Kastell in seiner heute nachvollziehbaren Form immer noch bewohnt ist, erhält man bei einem Spaziergang um und durch den Ort einen guten Eindruck von den Ausmaßen der römisch-britischen Stadt. Obwohl auch damals die Gebäude nicht besonders dicht standen, war es vor 1700 Jahren wohl deutlich voller als jetzt.

Vom Besucherparkplatz aus, der am ehemaligen *decumanus* liegt, kann man die zahlreichen Reste von Venta hervorragend erkunden. Sich dabei nicht in einem abgeschlossenen archäologischen Park zu befinden, sondern die Jahrtausende alten Ruinen in ihrem natürlich gewachsenen Umfeld zu sehen, bietet dabei einen ganz besonderen Reiz. Wenige Meter westlich des Parkplatzes beginnt ein Pfad Richtung Süden, der an der römischen Stadtmauer entlangführt (Abb. 79). Hier befand sich das westliche Eingangstor von

Karte 16: Caerwent, Übersichtsplan.

Abb. 79: Caerwent, südöstliche Ecke der römischen Stadtmauer mit dem Castle Mound, dem Rest einer normannischen Burganlage aus dem 11. Jh.

Abb. 80: Caerwent, Kirche St Stephen & St Tathan, in deren Eingansgbereich der Stein mit der römischen Inschrift CIVIT SILVRVM steht.

Venta. Von hier aus ist die Mauer im Südwesten und im gesamten Süden des Kastells erhalten. Sie steht völlig frei und ist an manchen Stellen noch 6 m hoch. An der Südseite stehen noch sechs Wachtürme. Wann die Mauer genau errichtet wurde, ist ungewiss, aber wahrscheinlich wäre das 3. Jh., in dem auch andere Städte in Britannien mit Stadtmauern ausgestattet wurden. Man kann die Mauer auch im Osten und Norden komplett abschreiten, besonders im Nordosten und Norden ist sie Grundstücksbegrenzung und man blickt von außen zu höher gelegenen Gärten hinauf, zu Häusern und Bäumen, die aus dem Innern des Kastells aufragen.

Auch innerhalb der Mauern sind einige römische Reste zu bewundern. Im Dorfzentrum befinden sich die Reste eines Tempels nach keltisch-römischer Bauart, wie man sie auch in Deutschland und Frankreich findet. Er bestand aus einer rechteckigen *cella*, in der die Gottheit aufgestellt war, umgeben von

Abb. 81: Caerwent, Reste eines römischen Stadthauses an der Pound Lane.

einem niedrigeren Säulenumgang. Dieses Gebäude stand in einem umfriedeten *temenos*, der im Süden einen Eingang hatte. Welche Gottheit hier verehrt wurde, ist nicht bekannt. Direkt westlich des Tempels befand sich das wesentlich größere Forum mit der Forumsbasilika im Norden. Ein beträchtlicher Teil der Basilika und die nordöstliche Ecke des Forums sind freigelegt. An den Hauptsaal der Basilika schließen sich im Norden und Osten mehrere kleine Räume an, in denen wahrscheinlich verschiedene Beamte ihre ‚Büros' hatten.

Östlich Richtung Parkplatz sind dann noch großflächig Mauern einer Ladenzeile und eines Stadthauses zu sehen, nördlich davon an der Pound Lane Mauern eines weiteren Stadthauses (Abb. 81). Die Häuser sind jeweils um einen Innenhof arrangiert und weisen durch ihre Größe und ihren Bautyp auf Wohlstand hin. Beide Stadtvillen wurden in ihrer jetzt sichtbaren Form im 4. Jh. errichtet – dem Zeitraum, in dem das römische Britannien besonders florierte und überall im Land prächtige Villen (oft aus Vorgängerbauten) entstanden.

Literatur

R. J. Brewer: Caerwent Roman Town. Cardiff 2006.

Aeneis	Epos des römischen Dichters Vergil
apodyterium	Umkleideraum in den römischen Thermen
Apsis	meist halbkreisförmiger, an den Hauptraum anschließender Raumteil
Augustus	Ehrenname und Bestandteil der Bezeichnung eines Kaisers im Römischen Reich
Boudica	Königin des keltischen Stammes der Icener, Anführerin des Aufstandes gegen die Römer 60/61 n. Chr.
Bronzezeit	in England ca. 2500–800 v. Chr.
Burgfried	Hauptturm einer mittelalterlichen Burg
Byzantinisches Reich	auch Oströmisches Reich, bestand von 395–1453
caldarium	Heißbad der antiken Thermen
Carausius	römischer Feldherr und Usurpator (gest. 293)
cardo	Nord-Süd-Achse einer römisch angelegten Stadt
Cairn	prähistorischer Steinhügel, oft Bestandteil eines Megalithenkomplexes
cella	Innerer Hauptraum eines römischen Tempels
Cassius Dio	römischer Konsul und Geschichtsschreiber (gest. 235)
civitas	halbautonome Verwaltungseinheit im Römischen Reich, die aus einem städtischen Zentrum mit seinem Umland bestand
Claudius	römischer Kaiser, eroberte Britannien 43 n. Chr.
colonia	auch Kolonie, besonderer Status einer Stadt in den römischen Provinzen, in der römische Veteranen angesiedelt wurden
Cupido	römischer Gott der Liebe
Dere Street	röm. Handelsstraße zwischen York und Perthshire in Schottland
decumanus	Ost-West-Achse einer römisch angelegten Stadt
Dolmen	prähistorische Megalithkonstruktion aus mindestens drei Tragsteinen, die einen waagerechten Deckstein tragen
Eisenzeit	in England ca. 800 v. Chr.–43. n. Chr.
Ermine Road	römische Straße zwischen London und York
Eroten	Mehrfachdarstellung des Liebesgottes Cupido
Fort	römisches Kastell
Forum	öffentlicher Platz im Zentrum einer römischen Stadt

Fosse Way	römische Straße zwischen Exeter und Lincoln
frigidarium	Kaltbad der römischen Thermen
Henge	prähistorische, meist kreisrunde oder ovale Wall- und Grabenanlage
Hill Fort	prähistorische Befestigungsanlage auf einem Hügel, geschützt durch Wälle und Gräben
Hirtius, Aulus	römischer Politiker und Schriftsteller, verfasste ein 8. Buch zu Caesars *De Bello Gallico*
hypocaustum	Antike Warmluftheizung
in situ	am Originalfundplatz
insula	rechtwinklig angelegter Häuserblock einer römischen Stadt
Jupiter	höchster römischer Gott
Kapitell	Abschluss einer Säule
Kavallerie	Truppen zu Pferde
korinthisch	eine der fünf klassischen Säulenordnungen
laconicum	saunaartiger Schwitzraum der römischen Thermen
Latrine	einfache Form der Toilette
Litus Saxonicum	s. Sachsenküste
Mailänder Vereinbarung	im Jahr 313 unterzeichnete Vereinbarung, die den Menschen des Römischen Reiches Religionsfreiheit gewährte
Megalith	Prähistorisches Monument, aus einem großen Steinblock bestehend
Menhir	aufrecht stehender Megalith (engl. standing stone)
Neolithikum	Jungsteinzeit, in England ca. 4000–2500 v. Chr.
Notitia Dignitatum	römisches Staatsdokument aus dem frühen 5. Jh., das die Organisation des östlichen und westlichen Römischen Reiches dokumentiert
nymphaeum	Nymphenheiligtum in Form eines Brunnens oder einer eingefassten Quelle
opus mixtum	römische Bauweise, bei der abwechselnd Steine und Ziegel verwendet werden

orchestra	Tanz- und Spielfläche im antiken Theater
Ovid	römischer Dichter
Phrygien	Region in der heutigen Türkei
porticus	Säulengang
principia	Hauptquartier in einem römischen Militärlager
praetorium	Wohngebäude des Kommandanten in einem römischen Militärlager
Sachsenküste	*Litus Saxonicum*, Kette römischer Kastelle an der südenglischen und frz. Küste zum Schutz des Ärmelkanals
Sarsen	harte Sandsteinart
scena	Bühnengebäude im antiken Theater
Stane Street	römische Straße zwischen London und Chichester
Stanegate	Versorgungsstraße der Truppen am Handrianswall zwischen Carlisle und Corbridge
Steinreihe	prähistorisches Monument, oft Teil eines rituellen Komplexes
sudatorium	Schwitzbad in römischen Thermen
temenos	Umgrenzter Bezirk eines Heiligtums
tepidarium	Warmbaderaum der römischen Thermen
tessera	kleines Steinplättchen zur Herstellung von Mosaiken
Trilith	megalithisches Tormonument aus zwei Tragsteinen und einem Deckstein
Trockenmauer	Mauerwerk, das ohne Mörtel errichtet wurde
Usurpator	jemand, der widerrechtlich die Staatsgewalt an sich reißt
Vergil	römischer Dichter
vicus	römische Straßensiedlung
villa (rustica)	römisches Landgut (mit landwirtschaftlicher Ausrichtung)
Watling Street	römische Straße von Dover über London in die Midlands
Wendelring	prähistorischer Halsschmuck
Wilhelm der Eroberer (William the Conqueror)	normannischer Fürst, landete 1066 mit einem Heer an der Südküste Englands und begründete die normannische Dynastie in England

ABBILDUNGSNACHWEIS

Wir haben uns bemüht, für alle Abbildungen die entsprechenden Rechteinhaber zu ermitteln. Sollten dennoch Ansprüche offen sein, bitten wir um Benachrichtigung.

Titelbild: Abb. oben und Mitte: © Peggy & Patrick Leiverkus. Reproduced by kind permission of the National Trust. Abb. unten: © Peggy & Patrick Leiverkus.

Karten: Alle Karten © Peggy & Patrick Leiverkus: Karte 2, 3, 5, 6, 15, 16 nach Kartendaten von OpenStreetMap, lizensiert unter Open Data Commons Open Database License (ODbL); Karte 4, 7, 8, 10, 11, 12, 13, 14 nach Kartenkacheln von Stamen Design, lizensiert unter Creative Commons License (CC BY 3.0). Kartendaten von OpenStreetMap, lizensiert unter Open Data Commons Open Database License (ODbL); Karte 9 nach M. Parker Pearson et al.: Stonehenge. Making sense of a prehistoric mystery. York 2015, 36.
Ergänzung der Stadtmauern durch die Autoren in folgenden Karten:
Karte 11 nach Informationstafel von Colchester + Ipswich Museums.
Karte 12 nach der Broschüre *Lincoln in Roman Times* der Society for Lincolnshire History and Archaeology, 2010.
Karte 13 nach Informationstafel des York City Wall Trail, City of York Council.

Abbildungen: Abb. 4–6 © Bignor Roman Villa; Foto: Peggy & Patrick Leiverkus.
Abb. 7 © Brading Roman Villa; Foto: Peggy & Patrick Leiverkus.
Abb. 8 © Dover Museum and Bronze Age Boat Gallery; Foto: Peggy & Patrick Leiverkus.
Abb. 10 © Fishbourne Roman Palace / Sussex Archaeological Society; Foto: Peggy & Patrick Leiverkus.
Abb. 12 © The Trustees of the British Museum. All rights reserved (Image ID: 00609285001).
Abb. 18, 19 © The Roman Baths; Foto: Peggy & Patrick Leiverkus.
Abb. 22, 25, 32 © Peggy & Patrick Leiverkus. Reproduced by kind permission of the National Trust.
Abb. 35 © London Mithraeum Bloomberg SPACE; Foto: James Newton.
Abb. 36 © London Mithraeum Bloomberg SPACE; Foto: PAYE.
Abb. 37 © The Guildhall Art Gallery / The City of London Corporation; Foto: Peggy & Patrick Leiverkus.
Abb. 61 © Peggy & Patrick Leiverkus. Reproduced by kind permission of the National Trust (= Titelbild oben).
Abb. 73 © Peggy & Patrick Leiverkus. Reproduced by kind permission of the National Trust (= Titelbild Mitte).
Alle übrigen Abbildungen © Peggy & Patrick Leiverkus.